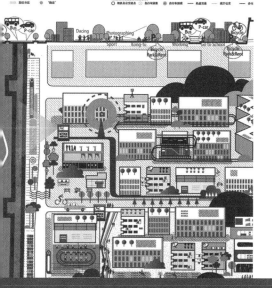

2014

第 **2** 届西部之光大学生暑期规划设计竞赛

守望城墙：
西安顺城巷更新改造

中国城市规划学会
高等学校城乡规划学科专业指导委员会 编

中国城市规划学会学术成果

中国建筑工业出版社

图书在版编目（CIP）数据

　　守望城墙：西安顺城巷更新改造　第2届西部之光大学生暑期规划设计竞赛／中国城市规划学会，高等学校城乡规划学科专业指导委员会编. —北京：中国建筑工业出版社，2016.9

　　ISBN 978-7-112-19798-9

　　Ⅰ.①守… Ⅱ.①中…②高… Ⅲ.①城市规划–作品集–中国–现代 Ⅳ.①TU984.2

　　中国版本图书馆CIP数据核字（2016）第210048号

责任编辑：杨　虹
责任校对：陈晶晶　李美娜

守望城墙：西安顺城巷更新改造
第2届西部之光大学生暑期规划设计竞赛
中国城市规划学会
高等学校城乡规划学科专业指导委员会　编
中国城市规划学会学术成果
*
中国建筑工业出版社出版、发行（北京西郊百万庄）
各地新华书店、建筑书店经销
北京嘉泰利德公司制版
北京缤索印刷有限公司印刷
*
开本：880×1230毫米　1/16　印张：7¾　字数：220千字
2016年9月第一版　2016年9月第一次印刷
定价：**58.00**元
ISBN 978-7-112-19798-9
　　　　　　（29365）

编委会

主　编：石　楠　唐子来

副主编：段德罡　曲长虹　任云英

编　委（按姓氏笔画排序）：

王建国　尤　涛　石　楠　曲长虹　吕　斌　吕仁义
吕向华　任云英　刘晓君　孙成仁　张　兵　陈晓健
周庆华　段德罡　唐子来　陶　滔　常海青　韩一兵
惠西鲁　储金龙

编写组（按姓氏笔画排序）：

王　侠　叶静婕　李　昊　杨　辉　沈　婕　张国彪
陈　超　屈　雯　黄　梅

序 一

  "西部之光"大学生暑期规划设计竞赛由中国城市规划学会和高等学校城乡规划学科专业指导委员会主办,是学会"规划西部行"系列公益活动的重要组成部分之一。"西部之光"活动专门针对西部地区提升规划教育水平的需求,选择西部地区的真实项目(地块),由西部地区的高校组织本校城市规划专业研究生和高年级学生,进行规划设计实践。活动旨在通过竞赛,促进低碳、生态等科学发展理念的传播,促进东西部大学城市规划专业之间的交流,提高西部大学城市规划专业设计水平。

  "西部之光"暑期竞赛区别于传统设计竞赛,融教育培训、专业调研、学术交流、竞赛奖励为一体,重点突出"托举青年人才"主题思想,邀请国内一线专家学者为参赛师生授课,组织一线技术人员带队开展专业调研,并开设了多校师生交流环节,为西部规划学子搭建了一个公平竞争、互学互促的交流平台,打造了一个提升西部院校教师教学水平及学生规划设计水平的教育培训平台,也创建了一个城乡规划学科下具有极大社会影响力的公益品牌。

  第2届"西部之光"于2014年6月启动,由西安建筑科技大学建筑学院具体承办,竞赛主题为:守望城墙:西安顺城巷更新改造。来自陕西、重庆、内蒙、新疆、西藏、四川、云南、贵州、甘肃、湖南、广西和宁夏等12个西部省份34所设置有城乡规划及相关学科的高校全部报名参赛,报名的参赛队伍达140支,参赛师生共计748人。参加第2届"西部之光"暑期竞赛专业培训和实地调研的师生达350余人,其中教师83人。继第1届"西部之光"暑期竞赛成功举办后,该项活动取得了极广泛的社会影响,活动已全面覆盖西部院校。

  2014年6月8~11日是"西部之光"的现场培训和调研环节。培训首日,中国城市规划设计研究院张兵、北京大学吕斌、西安市城市规划设计研究院吕向华、北京新都市规划设计研究院孙成仁,以及西安建筑科技大学陈晓健、吕仁义、常海青、尤涛等专家分别为参赛师生授课。次日,由西安建筑科技大学和西安市城市规划设计研究院组成的专家团队,带领参赛师生赴古城墙及顺城巷开展实地调研。第三天上午,所有参赛院校师生共同讨论。2014年8月,由王建国、石楠、陶滔、周庆华、储金龙等专家组成的专家评委会在西安建筑科技大学建筑学院对126份参赛作品进行集中评审。经过细致的评审,最终确定一等奖一名、二等奖两名、三等奖三名,专项奖7项,佳作奖12项共计25个获奖作品。

　　本次"西部之光"公益活动得到了中国科协、能源基金会、中国低碳生态城市大学联盟、中国城市规划学会城市影像学术委员会、陕西省住房和城乡建设厅、西安市规划局、西安市城市规划设计研究院、陕西省土木建筑学会城市规划专业委员会、西安城墙历史文化研究会、《城市规划》杂志社、中国城市规划网、《建筑与文化》杂志社、中国建筑工业出版社等单位和机构的大力支持，在此一并表示感谢。

中国城市规划学会
高等学校城乡规划学科专业指导委员会

序 二

来西安，最有意思的不是拜访兵马俑、大雁塔；不是看壶口登华山。这些东西要么是老祖先遗留下来的死物，要么是大自然鬼斧神工的馈赠，你拍出的照片绝对比不上风光片、纪录片那么绚烂多彩，听导游摆（bai）唬（huo）半天获取的信息不见得比书上介绍的多，而且你还得在摩肩接踵的人群里近距离"观赏"那些形形色色的游客，听着周遭来自五湖四海的方言，一天看不了多少个点却落得腰酸腿痛满身臭汗，末了嘟囔一句：没去遗憾，去了更遗憾……这不是真正的西安。

真正的西安在哪里？西安在懒懒的阳光照射着的城墙根，几个老汉破锣嗓子嘶吼出的几句上气不接下气的秦腔里；西安在老槐树下两个紧盯着棋盘杀红了眼的壮汉和一群赤膊观战的闲人堆里，末了一声"该谁（sei）咧？"、"啥（sa）？……该你咧吧！"；西安在隔壁张婶拿着笤帚疙瘩追着碎怂满地跑的肥胖身影里，"你还给额跑，额不打死你个瓜娃……"的鸡飞狗跳的声音里。西安在那个不时给一众人等比划聊骚"过去这片都是俺李家滴"的手里转着俩核桃、一头飘逸的灰白长发老帅哥的吐沫星子里；西安在哥俩一大清早拎着一瓶红西凤，楼北楼里"一人俩馍"一掰掰个一上午，馍粒儿黄豆大一边儿齐，边掰馍边闲谝不时喝一口，吃完喝完已到晌午过后，微醺着晃回自家小院儿躺椅上不时扇两扇的蒲扇里。西安在"磨剪子、锵菜刀、收破烂、换家电、换面条、弹棉花"的吆喝里；在早上的镜糕、胡辣汤、油茶麻花……中午的卤汁凉粉、贾三包子、子午路肉夹馍……晚上的烤鱼、烤肉、烤鸡翅……的香味里；在旧货市场来路不明的古玩、字画、旧家具里；在春来漫天的杨絮里，在盛夏起伏的蝉鸣里，在秋雨后的一地金黄里，在冬日里那条背阴的小道因结冰不时滑到的人的骂骂咧咧里……西安不只是钟楼鼓楼，不只是规规整整的城廓，更是看似稀松平常却有滋有味的、真实的百姓生活。

西安南城墙里的顺城巷已经被改造为"文化、商贸、旅游"街，逐渐成为西安人品茗啜茶、会聚亲朋的去处，多了几分明清古味，人气也慢慢旺了起来，但市民、游客、沿线商家以及学者专家似乎并不满意，可谓得失并存，毁誉参半。从东西大街往北的顺城巷地段还基本是原来的模样，展现着从新中国成立前到今天西安城的发展建设历程。这里的房子很不统一，新的旧的高的矮的夹杂着，有青砖小院，也有贴满白瓷片的多层、高层；这里的空间缺乏整体的规划组织，建筑密密麻麻的，开敞空间很少，有些道路，特别是顺城巷倒是有些几十年上百年的老树，把街道盖得严严实实；这里有许多老旧的单位大院，有医院、学校，有考究的宾馆，有沿街搭建的棚子，里面卖着形形色色的东西；这里也有一些地段已被夷为平地，不知道未来会盖啥样的房子；城墙在这里矗立着，其实很少有人刻意关注它，一如宅院的影壁，在那就在那，无须挂记……就是这样平平常常的空间，生活着地地道道平平常常的西安人，闲适中也有

焦躁，粗犷中不失淡雅，既有鸡毛蒜皮的争执中的市民习气，也有高谈阔论的显摆出的隐士风姿……他们共同酿造着西安独有的城市气息，并由一代代将其传承下去。这里，就是 2014 年"西部之光"大学生暑期规划设计竞赛所选用的基地。

　　"西部之光"大学生暑期规划设计竞赛由中国城市规划学会（以下简称学会）和高等学校城乡规划学科专业指导委员会（以下简称专指委）主办，是学会和专指委"规划西部行"系列公益活动的重要组成部分。"西部之光"活动专门针对西部地区提升规划教育水平的需求，选择西部地区的真实项目（地块），由西部地区的高校组织本校规划专业研究生和高年级学生，进行规划设计实践。活动旨在促进西部大学城市规划专业之间的交流，提高西部大学城市规划专业设计水平。感谢学会把 2014 年的"西部之光"竞赛交给我校承办；感谢各位学界大佬前来给西部的娃娃辅导、做讲座，认真地进行优秀设计成果的评选；感谢西部各省区 30 余所规划院校 700 多名师生前来参与调研、交流活动，有你们，西部的规划教育才能异彩纷呈。短短的几日，我们不可能展现出完整的西安，只是希望大家通过在城墙下触摸老西安人的生活能够有所感悟：历史是什么？生活是什么？幸福是什么？……毕竟，我们的专业是为人服务的，是承载生活的，是引领城市走向幸福的。但愿大家都有所收获。

西安建筑科技大学建筑学院副院长、教授
中国城市规划学会学术工作委员会委员

目 录

结 语

竞赛花絮

主办及承办方

中国城市规划学会

高等学校城乡规划
学科专业指导委员会

西安建筑科技大学
建筑学院

参赛院校（按笔画排序）

广西大学
土木建筑工程学院

云南大学
城市建设与管理学院

内蒙古工业大学
建筑学院

内蒙古农业大学
林学院

内蒙古科技大学
建筑与土木工程学院

兰州理工大学
设计艺术学院

宁夏大学
土木与水利工程学院

吉首大学
城乡资源与规划学院

西北大学
城市与环境学院

西华大学
建筑与土木工程学院

西南石油大学
土木工程与建筑学院

西南民族大学
城市规划与建筑学院

西南交通大学
建筑与设计学院

西南科技大学
土木工程与建筑学院

西藏大学
工学院

长安大学
建筑学院

甘肃农业大学
资源与环境学院

北京航空航天大学
北海学院规划与生态学院

四川大学
建筑与环境学院

四川农业大学
建筑与城乡规划学院

西安工业大学
建筑工程学院

西安外国语大学
旅游学院

西安建筑科技大学
建筑学院

西安科技大学
建筑与土木工程学院

西安理工大学
土木建筑工程学院

昆明理工大学
建筑工程学院

昆明理工大学津桥学院
建筑工程系

贵州大学
建筑与城市规划学院

重庆大学
建筑城规学院

重庆师范大学
地理与旅游学院

桂林理工大学
土木与建筑工程学院

绵阳师范学院
城建系

塔里木大学
水利与建筑工程学院

新疆大学
建筑工程学院

选 题 介 绍

（2014 第 2 届西部之光大学生暑期规划设计竞赛题目及要求）

一、设计选题：守望城墙——西安顺城巷更新改造

二、设计立意

现代城市中心的公共休闲空间是低碳生态城市的重要支撑。在休闲已成为现代都市人日常需求的今天，如何在城市中心营造有吸引力、有特色、有魅力的公共休闲空间，为市民提供低碳出行日常休闲的去处，就成为当前城市规划需要面对的重要课题。

城墙不仅是古城西安独特的文化遗产，也为喧嚣的现代都市提供了空间和精神的双重庇护。西安顺城巷改造启动十年来，在"文化、商贸、旅游"的定位指导下，顺城巷——曾经是调动兵马、输送物资的马道巷——已逐渐成为西安人品茗啜茶、会聚亲朋的幽静去处，也多了几分明清古风和几分不温不火的商气，但市民、游客、沿线商家以及学者专家似乎并不满意，可谓得失并存，毁誉参半。如何使顺城巷在未来的城市公共生活中发挥更为积极的作用，成为西安人低碳出行日常休闲的好去处，同时在更新改造中探索旧建筑利用及低碳节能技术的应用，是本课题的主旨所在。

三、设计要求

为西安古城设计一个依托城墙、适于步行并共享城市生活的公共休闲空间系统，探索低碳生态原则指导下的旧城更新改造方式。重点考虑未来城市休闲生活与空间需求的关系、建筑空间与城墙景观环境协调的关系、慢行交通组织与城市公共交通系统的衔接、旧建筑利用与生态节能技术的应用等。

四、基地选址

选址于西安市明城内西起玉祥门，经尚武门（小北门）、安远门（北门）、尚德门、解放门、尚俭门、尚勤门、朝阳门，东至中山门（小东门）的顺城巷及相关地块。设计者可任意选择其中一段作为规划设计对象。

五、基地规模

10 ～ 30 公顷。

六、成果要求

（1）A1（84.1cm×59.4cm）版面的设计图纸 3 张，每张图纸都要用 KT 板各自单独装裱，不留边，不加框。

（2）表现方式不限，以清晰表达设计构思为准。

（3）每份设计作品请提供 JPG 格式电子文件 1 份（分辨率不低于 300DPI）。

（4）每份设计作品请提供 PDF 格式电子文件 1 份（3 页，文件量大小不大于 6M）。

（5）设计图纸上不能有任何透露设计者及其所在院校信息的内容。

（6）参赛设计作品必须附有加盖公章的正式函件同时寄送至本次竞赛活动的组织单位。

优秀组织奖院校释题

（2014 第 2 届西部之光大学生暑期规划设计竞赛）

西安建筑科技大学
建筑学院

重庆大学
建筑城规学院

西南交通大学
建筑与设计学院

昆明理工大学津桥学院
建筑工程系

宁夏大学
土木与水利工程学院

西安建筑科技大学·建筑学院
School of Architecture, Xi'an University Of Architecture And Technology

尤涛

西安明城墙自明洪武年间改建完成至今，已逾六百多年。高大的城墙，严密的城防设施，五百多年间守护着古城的安宁。顺城巷，那时叫马道巷，只是城墙根一条调动兵马和输送物资的战时通道，平时也派不上什么用场，闲时多，用时少。

后来，高大威猛的城墙渐渐丧失了冷兵器时代的防御功能，在威力巨大的火炮面前显得有些弱不禁风。再后来，城市开始疯长，城墙开始变得碍手碍脚，成了一个箍，不再讨人喜欢。于是，拆城墙成了风，西安的城墙也险遭劫难。幸免于难的城墙不经意间成了西安的坐标，清楚地定义着城里、城外、城东、城西、城南、城北。再后来，面对劫后余生残破不堪的城墙，"铁市长"大手一挥：修城墙！于是，风风光光的"城、林、河、路"四位一体环城建设工程，最终奠定了西安城墙的现代格局。焕然一新的城墙成了西安最响亮的名片，登城墙成为游西安不可或缺的节目。城墙外的环城公园鸟语花香，生机盎然，成为附近居民遛鸟唱戏打拳散步的好去处。但城墙内的顺城巷还仍然叫做马道巷，还是那么不起眼，依旧派不上什么用场，成了被城市遗忘的角落，只有住在城墙根的孩子，才把这破败不堪的顺城巷当作打闹嬉戏的后院。

直到十来年前开始的轰轰烈烈的顺城巷改造工程，才让顺城巷变得看似光鲜起来，路通了，灯亮了，干净卫生了，面向城墙还盖了很多两三层的商业门面房，多了几分明清古风和几分不温不火的商气，慢慢有了几处西安人喜欢的品茗啜茶、会聚亲朋的幽静去处，但大部分的顺城巷仍然显得偏僻冷清，了无生气，一副"姥姥不疼舅舅不爱"的样子。

也就在这十来年的时间里，中国人曾经想都不敢想的小汽车竟然风风火火地闯进了千家万户，自驾游成为很多家庭假日周末休闲出行的选择。开始的几年里，自驾游还显得轻松惬意，但随着家庭汽车爆发式的增长，很快就有了各种堵：堵在高速口，堵在路上，堵在景区，堵在停车场……直到堵得没了休闲的心情。车多了，碳排放也成了问题。

于是，我们把目光重新聚焦到城里。在休闲已成为现代都市人日常需求的今天，如何在城市中心营造有吸引力、有特色、有魅力的公共休闲空间，为市民提供低碳出行日常休闲的去处，就成为当前城市规划需要面对的重要课题。

顺城巷也就是在这样的背景下，重新进入我们的视野。高大的城墙为顺城巷提供了空间和精神的双重庇护，使得顺城巷在喧嚣的都市中心有了难得的安宁。于是，如何使顺城巷在未来的城市公共生活中发挥更为积极的作用，成为西安人低碳出行日常休闲的好去处，同时在更新改造中探索旧建筑利用及低碳节能技术的应用，就成为本课题的主旨所在。

重庆大学·建筑城规学院

School of Architecture and Urban Planning, Chongqing University

时隔两年的游走与断想——守望城墙

魏皓严

1. 古城墙给西安留下了一围空旷。

2. 西安古城墙内侧被建筑高度与仿古风格条例等压制成的城市形态与城墙外侧高楼大厦鳞次栉比的城市形态对比鲜明，即使在早已不是军事防御体系的今天，城墙还是一道奇怪的界线，静默地规定出两个世界。

3. 古城墙上的慢行公园在烈日下或者暴雨风雪天就是一种让人待得不舒服的场地，但是在清凉的晚上，它纵容着脚步或者自行车轮或疾或徐地环掠过一个年长的城池，有种朦胧夜读残本固体史书的时空感。若有月华当空，更是一泄千年。

4. 古城墙内侧的仿古街或者仿古建筑以山寨版的粗粝画风扮演着一种它们始终难以胜任的角色。

5. 我在夜游古城墙的时候以半俯瞰的方式看到某处饭店三楼的某个房间里坐着一群年轻人在欢乐地聚餐，甚至还听见了他们的开怀大笑。那里灯光温暖，而我这里，脚下的城墙（砖）沉郁平静。

6. 夜晚里城墙上被定制的灯光照得红透红透的门楼如同一幢幢海市蜃楼，让我想起对欲望刻画入木三分的宫崎骏的《千与千寻》，似乎某个古代将领或者帝王的魂魄会突然莅临。

7. 走下城墙，城楼巍峨，高高在上。

8. 不远处的小巷里，在"青岛纯"的灯箱旁，一个还没有完全脱离乡土气息的少年弯腿坐在高凳子上唱着流行歌曲，在他身前是几张写着"嘉士伯"英文单词（Carlsberg）的绿色遮阳伞。

9. 在白天的烈日下看到的西安市儿童医院是一群仿古建筑。

10. 城墙内侧一栋不知名的、似乎是个旅馆的仿古楼的三楼屋顶上晾着深红与桃红的衣服，墙上有个白底条幅，上书七个红字"西安人民欢迎您"。

11. 墙根儿有条平行城墙的支路叫联盟巷，两旁的树郁郁葱葱的，树冠顶刚好与城墙边砖齐平，就像是给城墙穿了一件绿袄子。

12. 有宽大的城市主干道从城门下穿过，那是大庆路——莲湖路与玉祥门。

13. 西北一路从城墙下被浓密的行道树裹挟着笔直地伸向远处的东方。

14. 沿着西城墙北行，视线的尽头是香槟城、新元大厦等一众方敦敦的摩天楼，我猜测它们是大尺度的门禁小区。

15. 在西城墙上隔着底下的联盟巷及其行道树，看到了"陕西省皮肤性病防治所"的大招牌。

16. 城墙内侧、陕西省唯一的喇嘛庙广仁寺金碧辉煌而矮小，城墙外侧的香槟城、新元大厦等身形高大却灰扑扑。

17. 广仁寺的建筑格局与形制很中土，几乎看不出西域的范式。

18. 从尚武门看南北走向的西北三路也是又长又直。

19. 沿北城墙往东走到了顺城巷一线后，仅从屋顶观望，一个贫、杂、衰、败、不羁、鲜活、粗糙、当代、充满混乱细节的西安出现了。

20. 在安远门上南望南北走向的北大街更是又长又直。远处的钟楼影影绰绰，气象端严；两侧的高楼或仿古或现代，五味杂陈。

21. 北城墙边的树长得茂密而恣意，有种被放养的自由奔放。

22. 树林后的中远处有个学校，能看到操场上穿着婆垮垮的、深具中国特色校服的年轻人们活泼的身形。

23. 看到一堆做工考究、灰得有品位的坡屋顶烂尾楼。其实我当时哪里看得出来这是烂尾楼？直到某个西建大的老师或者同学告诉了我。

24. 看到一处铲平后似乎处于闲置状态的基地与边上一棵歪得不美却有范儿的大树。

25. 长得又绿又野的行道树们依然在跟着城墙撒欢似的奔腾到视域的尽头。

26. 又看到几块闲置的荒地，地上画着可能很普通也可能很奇异的图形，感觉是挖掘机的杰作。

27. 走到了西安火车站与西安汽车站一带了，哦！这纷乱忙碌的俗世！哦！这些奇奇怪怪的建筑群！哦！这些挤满眼眶的汽车！哦！这些宽阔得难以步行的城市空间！哦！这如织的人潮！

28. 看到了同样笔直的解放路。

29. 看到了解放饭店与其前面紫红色的巨幅广告牌，上面写着"大朋友的小 HIGH 公馆"。临街有一家麦当劳，街对面有一家肯德基。

30. 看到一些貌似厂房的建筑与一些施工工地。

31. 看到两个装作草地的绿色塑胶篮球场和一条红色塑胶跑道，还有一溜儿躲在灰楼阴影里的乒乓球台。

32. 看到了迅洁洗车行和兰铁皮顶的临时屋子。

33. ……

34. 我的这次西安古城墙之行止步于东城墙处的长乐门，瓮城里宽大的广场中有株鲜绿的半大树，树下停着两辆商务车，还有个男人坐在树池边打盹儿。

35. 上文所述是 2014 年 6 月 9 号晚上与 6 月 10 号上午，我沿着古城墙走了 8.2 公里所见到的初夏时的西安。在 2016 年 6 月 30 日星期四的晚上，我靠着电脑、照片与地图重新又"走"了一次，记忆、联想、又一次观察，对这个城市突然有了柔情蜜意。

36. 这是一个横平竖直的城市，在一片很平很平的土地上。

37. 这城市沧桑，被按捺的生气在一些不起眼的角落跃跃欲试，殷切期待着想象力。

38. 这是一个复杂且娇弱敏感的城市，我们（这些规划师）不要简单粗暴地对待它。

西南交通大学·建筑学院
School of Architecture, Southwest Jiao Tong University

唐由海

27 个水龙头，如枪如戟，长长短短地伸了出来，个个都挂着不同类型的铁锁。这是顺城巷东北一栋三层民居的居民取水之所，分门别户，清清楚楚且互相提防。上水如此，下水更不用说了，厕所在距离小楼 50 米开外，红砖上刷着的"男"、"女"已经斑驳不辩。转身问同行的女生，"多伟大的爱情会让你嫁到这里？""没有。"

这是西安古城的核心，这是西咸新区的中心，这是丝绸之路的起点。但再宏大的叙事也不能解决门口的积水、闷热的楼道和紧张的邻里关系。"增量到存量，从数量到质量"，精巧的文字结构的背后，是城市规划工作的态度转变。可以预见，未来的城市规划工作，势必脱离高歌快进的乐观语境，取而代之的是一曲深沉低回的慢歌。如顺城巷这个课题，其实根本立足点是旧城居民的尊严重建，城市文化、历史传承、地域美学，其实都是技术性问题，甚至那巍峨的城墙，也只是景观层面的借助。

城市规划并不能包打天下，把所有问题一揽子解决，更多应聚焦在如何解决人居状况的实际问题上，如何为经济政策提供空间支撑。具体到顺城巷地区，我们设计组的初衷是利用地理区位价值和文化区位价值，组织符合古城风貌控制要求的、旧城低收入人群可能的工作场所。这些工作场所，将是整个社区更新、改造、发展的触媒，由点及面，重新给予社区坚强的"骨骼"和"肌肉"。"让无力者有力，让悲观者前行"，体面而持续的工作，不但给社区提供更新的源源内在动力，还能提振社区的尊严和信心。我们认为，不管是灯红酒绿的酒吧区或低调奢华的餐饮区，都将割裂顺城巷的历史与未来。我们希望居民留在当地，希望社区记忆延续，希望顺城巷的将来，是一个普普通通的社区，一个自治、共享而开放的社区。

也许力不从心，也许实力不逮，也许只是在无数改造方案中的一晃而过，但我们竭尽全力。

昆明理工大学津桥学院·建筑工程系
Oxbridge College, Kunming University of Science and Technology

李莉萍

本届"西部之光"大学生暑期规划设计竞赛的主题是："守望城墙：西安顺城巷更新改造"，这是一个历史地段城市设计的命题，也是一个很有意义的题目，它涉及历史空间与现代生活形态的适应性、调和性的问题。西安城墙凝固着中华文明历史的辉煌，它不仅是古城西安独特的文化遗产，也为喧嚣的现代都市提供了空间和精神的双重庇护。如何从历史环境中营造一个依托城墙，适宜步行，并共享城市生活的有特色、有魅力的城市公共休闲空间系统，为市民提供日常休闲的好去处；如何处理好市民、游客、商家的利益平衡关系，是本次设计的宗旨。

我校本次参赛的两个团队均选取 B 地块为规划设计对象，地块位于尚德门 - 安远门（北门）段，范围介于尚德门以西、安远门（北门）以东之间，尚德路以西、北大街以东、西七路以北的顺城巷及沿线之间。基地对于外地同学而言，既陌生又充满好奇。同学们从一片空白到学着用寻找并解决问题的心态，脚踏实地将自己融入其中，去调查居民的生活，了解他们的诉求，在发现现有空间存在的问题的同时也发现了很多眼前一亮的场景……；同学们在很短的时间内基本抓住地块的特征，从调研分析、场地选择到最后的表达都体现出调查工作扎实、到位，和一种较为敏锐的判断力，确实值得肯定。

对于西安顺城巷这样一个历史街区，"应该呈现什么样的特质？"的思考上，同学们坚持"设计的根本使命在于保持历史形态的完整性与真实的生活"，提出了"留住原住民"，"老百姓应成为守望城墙的主人"的设计导向，这是设计价值观层面上的思考与判断。同学们大胆否定当今旧城改造中"推倒重来"、"一拆了之"的简单粗暴的既有模式，而是以一种友好的方式去平衡社区老百姓、游客和商家三者之间的利益关系，并将这一理念贯穿于整个设计之中。基于此，两个方案分别从两个不同的设计层面入手，其中"活·盘活·生活"以街区"活力点"植入为解题切入点，活化已经衰落的市井生活；"是谁守望城墙"则是强调"为谁复兴？"，重点关注的是城墙脚下的"人的问题"。设计主要利用公共空间去贴近居民的生活，强化他们对新的环境的认同感，创造符合居民生活需要，满足新的城市功能、具有地域文化特质的城市空间。

此次"西部之光"竞赛活动使各校师生在互动交流中碰撞出新的思想火花，众多的设计作品反映出各院校同学的设计实力和实践能力，我们受益匪浅！

宁夏大学·土木与水利工程学院
School of Civil and Hydraulic Engineering, Ningxia University

燕宁娜

2014 年"西部之光"大学生暑期规划设计竞赛活动希望通过竞赛促进低碳、生态等科学发展理念的传播，为生态文明的实现奠定基础。

设计背景：城墙不仅是古城西安独特的文化遗产，也为喧嚣的现代都市提供了空间和精神的双重庇护。顺城巷是西安旧城区内传统资源最为密集的带状历史街区，这一区域及其周边环境的更新与改造是历史名城建设的重要内容。在"文化、商贸、旅游"理念的定位指导下，顺城巷已经转变成为传统商贸、民俗文化展示、人文旅游等功能为主的区域。这一举措不但突出了古城资源，塑造了城市特色，提高了城市品质，同时这一区域已逐渐成为西安人品茗啜茶、会聚亲朋的幽静去处，也多了几分明清古风和几分不温不火的商气。

设计理念：随着全球"低碳"号角的不断吹响，如何将低碳与生态、秩序与活力、整体与个性重新注入西安顺城巷城市空间的构成之中，以更新城市空间秩序，恢复城市生态环境活力，促使城市内在结构和外在表征在演化过程中有机整合，激活城市内在的自组织特性。想要实现"低碳、生态、休闲好去处"的更新改造目标，就必须在更新设计探索中充分考虑老旧建筑利用及低碳节能技术的应用，使顺城巷在未来的城市公共生活中发挥更为积极的作用，真正成为西安人低碳出行日常休闲的好去处。

设计要求：竞赛基地规模为 10 ～ 30 公顷，选址于西安市明城内西起玉祥门，经尚武门（小北门）、安远门（北门）、尚德门、解放门、尚俭门、尚勤门、朝阳门，东至中山门（小东门）的顺城巷及相关地块。要求设计者在上述区域中任意选择其中一段作为规划设计对象。

设计任务的理解：

1. 设计地点依托城墙；

2. 设计理念"步行、休闲、低碳"；

3. 设计规模"公共休闲空间系统"；

4. 设计探索"旧城更新改造方式"；

5. 重点考虑几对关系："城市休闲与空间需求"、"建筑空间与城墙景观环境"、"慢行交通组织与城市公共交通系统"、"旧建筑利用与生态节能技术的应用"。

获奖名单

（2014 第 2 届西部之光大学生暑期规划设计竞赛）

所获奖项	作品名称
一等奖	Smart Updating——大数据时代下的自适应可变城市之心系统
二等奖	基因修复·活力再生——多视角下的顺城巷公共休闲空间系统营造
	ONE DAY ONE QUARTER 一日一刻——基于个人空间移动行为规划的 15 分钟生活圈设计
三等奖	溢空间——西安顺城巷更新改造
	"围·合"——西安市顺城巷朝阳门至中山门区段城市设计
	CITY-MEMORY守着城墙，悠闲生活——重塑城墙内新市井生活空间系统
理念创意专项奖	古城微手术——西安人/空间/生活
	城墙脚下的新社区
	云径游"墙"——西安顺城巷更新改造设计
设计表达专项奖	城脉·触点——低碳目标下的西安顺城巷更新改造（尚德门——安远门段）
调查分析专项奖	让无力者前行——基于触媒理论的城市活力和就业再生
	西安顺城巷脉络更新改造与节点再生
	乐影·城见——西安顺城巷更新改造（朝阳门——中山门段）
佳作奖	活·盘活·生活
	是谁守望城墙——西安北顺城巷市井文化的复兴
	CAS——复杂适应性理论下顺城巷公共空间的重构
	Mult-Dimesion life多维生活——城墙下的"莫比乌斯"公共休闲系统
	衔墙链城——基于立体分形的公共休闲系统分析
	廊趣——西安"古都长廊"又一张新名片
	"安"守古城，微城"心"生Micro Town Renewal
	古都乡愁的保护与新生The Protection And Renovation of The Ancient City Nostalgic
	古城时空流体——空间句法视角下的空间形态与自组织行为间的关系
	生命之城——CITY FOR LIFE
	何解？合解！——西安顺城巷更新改造
	明城脚下，低碳生活——基于文化资产的西安顺城巷更新设计

参赛院校	指导老师	参赛学生
西安建筑科技大学	陈超	刘辰　黄博强　张淑慎　孙佳伟　仇静
桂林理工大学	张慎娟　王万明	黄博茂　何阳明　吴明明　杨骐璟
西安建筑科技大学	王侠	李大洋　黄祯　马骏　王睿坤　韩会东
广西大学	廖宇航　倪轶兰	方俐玮　廖荣昌　吕明　黄江恒　覃媛媛
西北大学	李建伟	王雨潇　李冬雪　刘倩　梁晨　谢莫岗
西华大学	艾华	杜映辉　黄婷　唐菱　郭子川　林真真
西安建筑科技大学	段德罡　王瑾	郑笑眉　李晨黎　张思齐　杨蒙　苌笑
西安建筑科技大学	任云英　付凯	吴晓晨　祁玉洁　李嘉伟　杨敏迪　周琦
重庆大学	魏皓严	曾文静　潘青贵　唐佳　余珍
西安建筑科技大学	尤涛　裴钊	解芳芳　雷佳颖　姚文鹏　韩向阳　于涛
西南交通大学	唐由海	赵攀　钟钰婷　胡怡然　王练
西安理工大学	高婉斐　席鸿	高瑞　钱坤　常郅昊　任凡乐　肖燃
西安建筑科技大学	李昊　尤涛　王瑾	石思炜　张碧文　蓝素雯　马克迪　田锦园
昆明理工大学津桥学院	李莉萍　明月　熊兴军　江艳云	王婉彬　马品申　史千里　邢昕
昆明理工大学津桥学院	李莉萍　明月　熊兴军　江艳云	廖丹　张雄斌　吴小娟　陈香涛
西南交通大学	高伟	傅廉蔺　金彪　刘佳欣　徐丽文　张富文
四川大学	李春玲	潘鹏程　邱建维　王玥玲　田昊　张文宇
西南交通大学	高伟	童静　吕志雄　张雨　赵旭　赵向阳
西南民族大学	聂康才　李柔锋　周敏　张蕴	叶春燕　赵晶爽　宋晶莹　胡晓晨　全昌阳
西南科技大学	喻明红　向铭铭　张瑞平	敬俭　徐恺阳　罗嘉霖　赵旭
宁夏大学	董茜　刘娟	张继龙　杨天鹏　祝希　丁晓婷
宁夏大学	陈宙颖	马卉　强召阳　王磊心　杨华荣
长安大学	郭其伟　杨育军	赵淑娆　农裕菲　兰科　周皓　蔡赫
重庆师范大学	吴勇　杨国盛	张强　陈小娅　李春雪　翁庆娜
重庆大学	黄瓴	周丹妮　沈默予　杨滨源　赵春雨

Smart Updating
——大数据时代下的自适应可变城市之心系统

指导教师

陈超

　　西安顺城巷地处西安明城墙内部，区位良好。但是在长期的城市生长过程中，各段顺城巷呈现良莠不齐的发展状况。具体表现为南段顺城巷依托良好的历史文化遗存形成了具有西安历史文化特色的餐饮、酒吧、文玩等丰富业态形式的街道。而其他几段顺城巷则处于城市发展真空地带，其中以顺城巷东北角尤为突出。

　　本次竞赛的题目为"守望城墙"，这是一个宽泛且带着哲学思考的题目。那么作为一个生活在西安，对城墙，对顺城巷有深厚感情的团队，我们应该从什么样的角度来对老旧的顺城巷进行改造呢？首先，顺城巷包含着对于这座古城最直接，最亲密的联系，它是城墙外与城市中心的过渡地带。它的发展对于内城复兴有着至关重要的意义。其次，顺城巷周边的老社区承载着这座城市最古老的、最有西安味道的生活方式，这些非物质的部分是城墙留给这座城市的礼物，纵砖瓦凋敝，唯人永存。再者，城墙作为西安这座城市的象征，不仅仅是物质实体，更是精神堡垒。生活在这里的人们看到这里便找到了回家的方向，便存留着与古人与未来沟通的媒介。

　　封建时期的城墙是边界，而新时期的边界才是最活跃的地带！守望城墙，我们不仅要留住她的历史，更要让她哺育的人跟得上这个时代，这才是守望她的正确姿态。

参赛学生

刘辰

黄博强

张淑慎

孙佳伟

仇静

　　本次设计的选址位于明城墙东北部，与大明宫仅一墙之遥，毗邻火车站，通过调研可以发现这里是明城区交通最闭塞的地方，但也是西安流动人口最为密集的地方。本次设计的主题是植入式更新。宏观层面上通过调查研究，在明城区北段现有活力点的基础上，针灸式植入嗨店，形成控制网络，为城内注入新的生命源，激发出顺城巷的新鲜活力，引导居民改变传统生活轨迹。中观和微观层面，我们以慢行交通为导向，通过对公共交通的重新梳理，对慢行步道和自行车道的建立和完善，将宏观层面的点链接成线，从而扩散到城内的各个角落。通过嗨店对数据收集、分析与调控，在提高空间效率的同时，达到低碳出行、低碳生活的效果，改变以往规划的操控手段。在嗨店的平台上，在人们自发的反馈调节中实现城市软结构更新。我们的设计策略主要为"自适应"。在微观承接中观系统的同时，试图构建的是一个自适应可变的系统。综上所述，我们对东北城角进行地段的详细设计，植入了嗨店的体验式文化和短期公寓等功能。以恢复民国路网和肌理为前提，通过建筑、场地和道路之间的有机的空间组合关系，构建当地居民新型的游览、体验、生活重心和信息互换场所。通过先期的城市设计手段达到创建智慧城市的目的。

SMART UPDATING
大数据时代下的自适应可变城市之心系统
Self-adaption　Variable　Low-carbon

基地和研究范围 SITE&RANGE OF STUDAY

三个趋势 THREE TRENDS

■ **大数据时代 Big Data Time**

低碳城市 Low-carbon City

智能城市 Smart City

设计目标 Design Goals

城在墙中

城包围墙

墙在围中

墙在城中

四大基本挑战 FOUR PRIMARY CHALLENGES

文化 Culture

交通 Traffic

环境 Environment

社区 Community

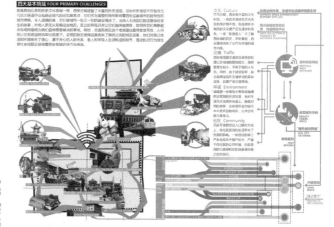

技术路线 TECHNICAL ROUTE

设计说明 DESIGN NOTES

宏观解决策略 THE MACRO STRATEGY

中观策略 MESO PLANNING STRATEGY

中观系统规划 MESO PLANNING

道路交通系统规划图

公共交通系统规划图

慢行系统规划图

文化体验系统规划图

公共服务设施系统规划图

建筑高度规划图

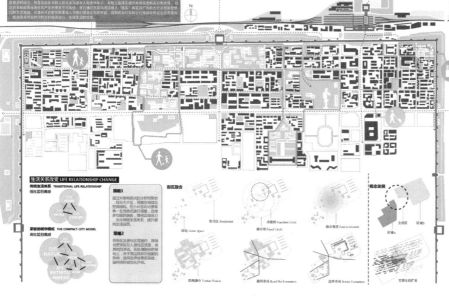

生活关系改变 LIFE RELATIONSHIP CHANGE

传统生活关系美 TRADITIONAL LIFE RELATIONSHIP
低密区归属感

紧凑的城市模式 THE COMPACT CITY MODEL
高密区归属感

策略1

策略2

街区融合

居住区 Residential

功能圈 Function Circle

绿地 Green Space

功能密度 Feature Intensity

肌理形成 Texture Forms

道网形成 Road Net Formation

边界形成 Border Formation

概念发展

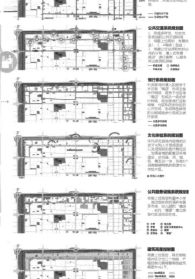

▶现状建筑评价 Evaluate

守望城墙：西安顺城巷更新改造

SMART UPDATING
大数据时代下的自适应可变城市之心系统
Self-adaption Variable Low-carbon

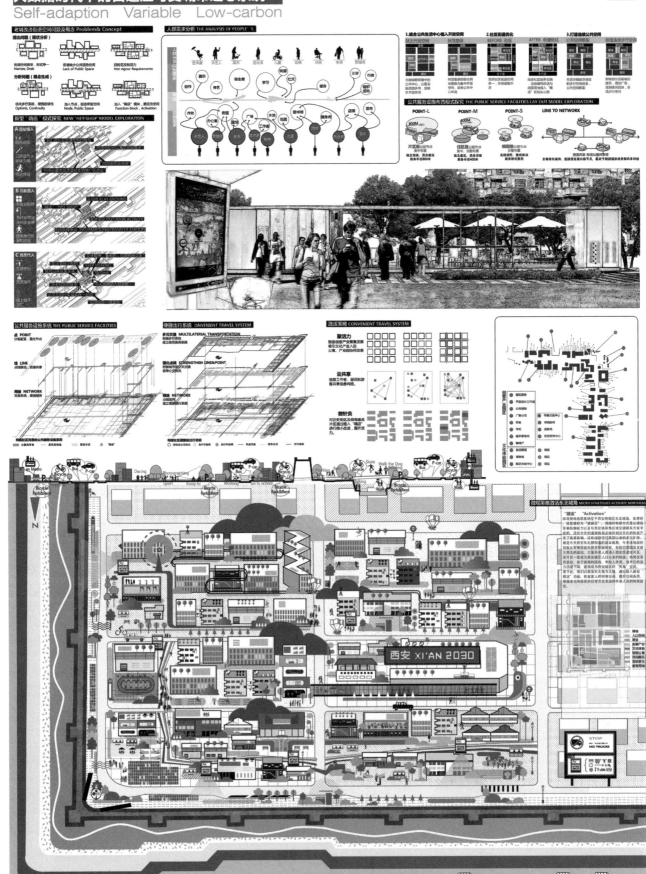

SMART UPDATING
大数据时代下的自适应可变城市之心系统
Self-adaption　Variable　Low-carbon

设计分析与策略 DESIGN ANALYSIS& STRATEGY

空间组合方式 SPACE CONBINATION

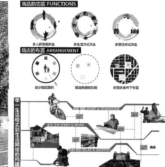

嗨店的功能 FUNCTIONS

嗨店的布置 ARRANGEMENT

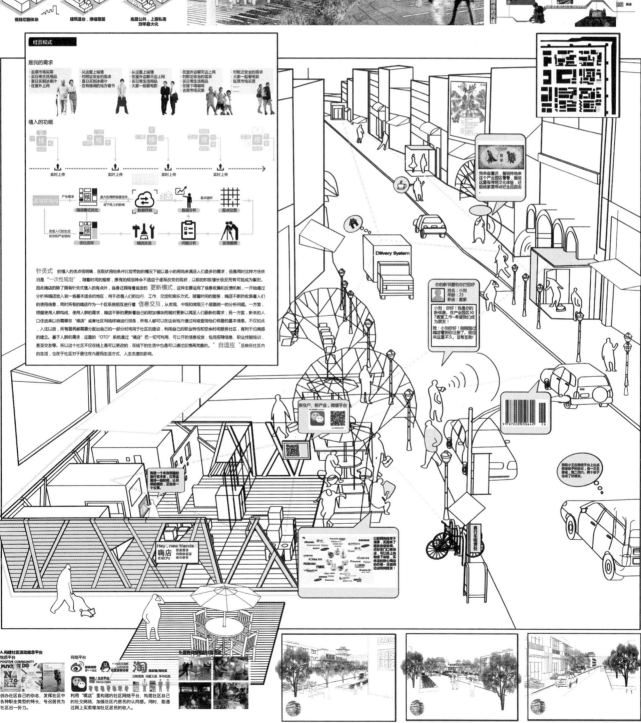

经营模式

居民的需求

植入的功能

POSITIVE COMMUNITY

基因修复·活力再生
——多视角下的顺城巷公共休闲空间系统营造

指导教师

张慎娟

王万明

调研发现规划地段的最大问题就是地方传统特色的逐渐消失，现代生活与传统生活的断裂，因此规划的核心就是修复和延续城市特质，提升地段活力。该如何用一个词汇来描述西安顺城巷在历史发展中积淀的诸多城市特质？我们选择了"基因"！

基因的突变、断裂导致疾病和问题的产生，找准致病基因，分析病变情况，并进行基因修复，是解决问题、重获新生的根本途径。

围绕上述思考，整个方案以"基因"为主线，采用"拟人化"规划，将城与人紧密联系。根据现场调研及资料收集，提取影响地段特色与活力的六项主要基因：城墙、文化、建筑、街巷、公共空间和人居活动，分别对应顺城巷的指纹、灵魂、细胞、脉络、穴位和表情。接着对每项基因的问题进行详细诊断，依据诊断结果对症下药，提出"针灸空间、疏通脉络"、"穿引城墙、缝合记忆"、"功能提升、激发活力"、"生态低碳、永续发展"四项基因修复策略，并结合地块对各项策略进行详细的解析落实，最终形成变阻隔为桥梁的城墙基因；多功能多层次的活力空间基因；古今相融的特色文化基因；形式美观、色彩协调的地方建筑基因；尺度宜人、低碳慢行的街巷基因；人群结构合理、内容丰富的人居活动基因。通过基因修复，实现活力再生！

参赛学生

黄博茂

何阳明

吴明明

杨骐璟

修复城市 DNA，提倡的是充分尊重顺城巷街区内部结构和西安的历史传统，保护原有肌理，利用尊重传统脉络的修复手段及低碳技术进行有机更新和改造，传承历史文脉，激发城市活力，最终打造出一个依托城墙的低碳公共休闲空间。通过地块现状分析，提取出城墙基因、公共空间基因、文化基因、建筑基因、街巷基因、人居活动基因六大基因。通过基因诊断分析，提出四大基因修复策略：针灸空间、疏通脉络；穿引城墙，缝合记忆；功能提升，激发活力；生态低碳，永续发展。通过 DNA 的再生策略，最终修复出特色性与时代兼具的活力 DNA。

时隔"西部之光"获奖已经过去两年，如今，一起参加比赛的小伙伴们都已经各奔东西，庆幸的是我们都还在为自己想要的生活努力着，谈起"西部之光"，我们都记得同学之间的深情厚谊，记得老师们给予我们的莫大帮助，记得一起经历的点点滴滴，感谢每一个小组成员的努力和不放弃，感谢老师、家人和同学们的支持和理解，感谢所有的一切，在最好的年龄做最好的事情就是最好的我们。

基因修复·活力再生

多视角下的顺城巷公共休闲空间系统营造

1 提出理念 诊断基因

理念提出及研究框架

城如人，读城如知人，每一座城市都应有自己的基因、血统、血型、肤色。每一座城市都应该有自己的个性。西安，这座曾经辉煌的古都，日趋雷同的时代，西安的现代化，西安城市的发展日趋雷同……

残缺 断裂 → 修复 再生

基因

提取城市DNA ▶ DNA的残缺与断裂 ▶ DNA修复、再生策略 ▶ 特色性与时代性兼具的活力DNA

历史沿革及区位分析

基地在西安位置　基地在城墙内位置　基地与周边的关系

城墙基因分析

西安城墙，穿越历史，是西安人最坚实的屏障与保护，承载了历代西安人的记忆和骄傲；时光流转，在现代化浪潮的剥削冲击下，人们对城墙的情愫在逐渐变淡，城墙似乎也渐渐成为城市发展的阻碍……

城墙内　　　　**城墙外**

城墙基因问题诊断：
1. 城墙成为城市的转换性
2. 城墙成为新旧和旧地的边界
3. 城墙影响了城市内的发展
4. 城墙影响着城市内的联系
5. 城外现代都市、干城一面，城内原有文化风貌混沌，与现代建筑风貌格格不入

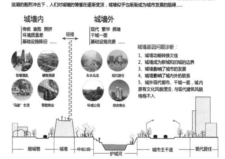

顺城巷　城墙　环城公园　护城河　城市主干道　现代居住

文化基因分析

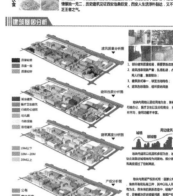

民俗文化　传统建筑　市井生活　特色饮食

建筑基因分析

公共空间基因分析

基地周边公共服务设施分布图　基地内公共服务设施分析图　院落空间活动分析图　单位机构分布图

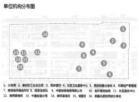

公共空间问题诊断：
1. 基地内缺乏文化、体育、商业公共服务设施，缺乏公共活动的场所。
2. 基础设施落后，居民环境有待提高。
3. 外部空间消极，结构混乱。空间消极化、私有化，院落空间利用率低。
4. 活力点零散分布，缺乏聚集人气的较大活力点。

街巷基因分析

基地周边交通系统分析图　基地公交网络分析图

基地现状车行/慢行交通分析图　基地步行系统分析图

基地步行空间尺度分析图

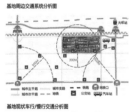

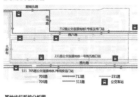

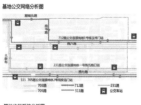

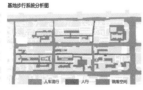

人居活动基因分析

人群职业构成　人群年龄构成　业态构成

一天中人群户外活动流线图

早晨

中午

下午

人群点聚集分析图

公众参与

现场及网上发放调查问卷150份（112份有效），对当地居民普遍关注的问题进行整理与分级，并得出下表格。

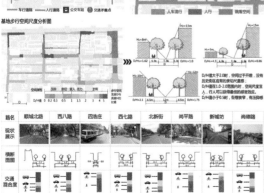

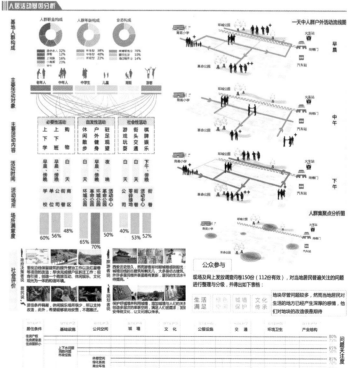

路名	顺城北路	西八路	四坊庄	西七路	北新街	尚平路	新城坊	尚德路
现状展示								
横断面图								
交通混合度								
环境质量								
问题分析								

二等奖

基因修复·活力再生
多视角下的顺城巷公共休闲空间系统营造

2
解析策略 修复基因

策略解析

策略1 针灸空间 疏通脉络
策略2 穿引城墙 缝合记忆
策略3 功能提升 激发活力
策略4 生态低碳 永续发展

城墙基因
公共空间基因
文化基因
建筑基因
街巷基因
人居活动基因
低碳技术
专题研究

针对地块现状分析，提取出城墙基因、公共空间基因、文化基因、建筑基因、街巷基因、人居活动基因共六大基因，通过基因诊断分析，提出四大基因修复策略：
策略一：针灸空间，疏通脉络
策略二：穿引城墙，缝合记忆
策略三：功能重组，激发活力
策略四：生态低碳，永续发展
通过基因修复，活力再生，最终实现多视角下的顺城巷公共休闲空间的营造。

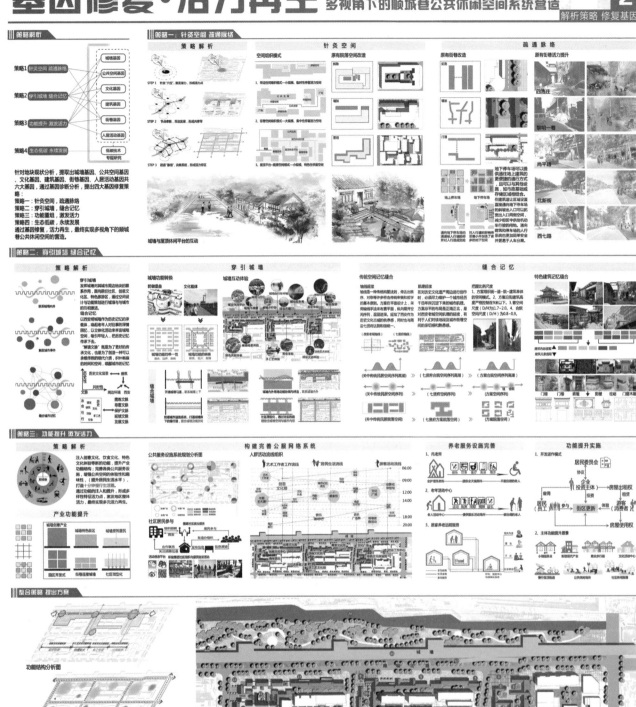

策略一：针灸空间 疏通脉络

策略解析

STEP 1 针灸"穴位"，激发激活力，形成活力点
STEP 2 节点串联、互动激活，形成共享空间
STEP 3 疏通"脉络"，完善系统，形成活力片区

针灸空间

空间组织模式　原有院落空间改造

疏通脉络

原有街巷改造　　原有街巷活力提升

城墙与屋顶休闲平台的互动

策略二：穿引城墙 缝合记忆

策略解析

穿引城墙

城墙功能转换　　城墙互动体验

缝合记忆

传统空间记忆缝合　　特色建筑记忆缝合

策略三：功能提升 激发活力

策略解析

构建完善公服网络系统

公共服务设施系统规划分析图

养老服务设施完善

功能提升实施

产业功能提升

整合策略 提出方案

功能结构分析图

绿地景观系统图

慢行交通系统分析图

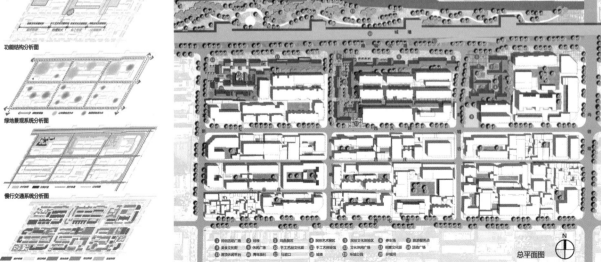

总平面图

建筑保护措施分类图

二等奖

基因修复·活力再生

多视角下的顺城巷公共休闲空间系统营造

3

休闲空间 低碳生活

策略四：生态低碳 永绿发展

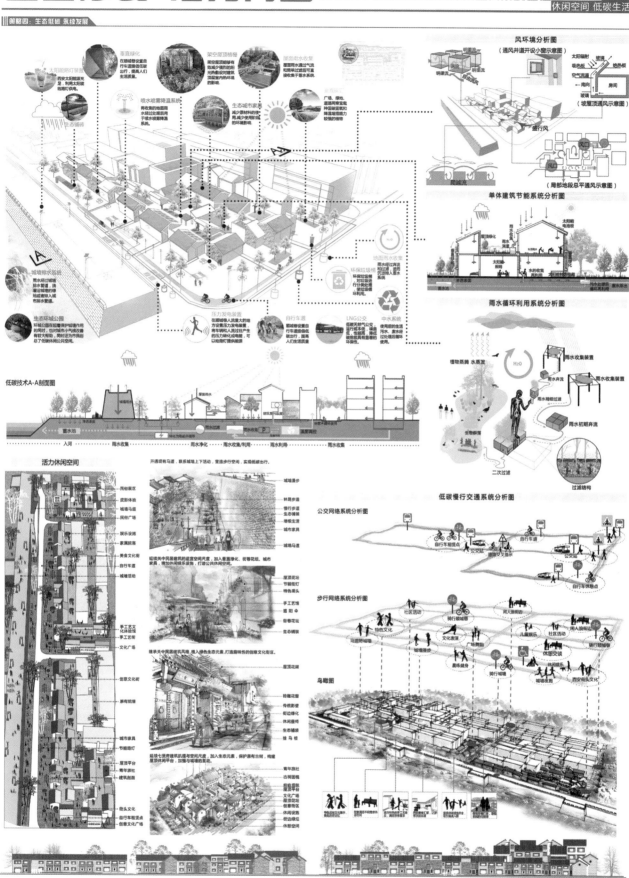

ONE DAY ONE QUARTER 一日一刻
——基于个人空间移动行为规划的 15 分钟生活圈设计

指导教师

王侠

　　本届"西部之光"大学生暑期规划设计竞赛的主题为："守望城墙：西安顺城巷更新改造"，这是一个历史地段城市设计的命题，也是一个很有意义的题目，它涉及历史空间与现代生活形态的适应性、调和性的问题。西安城墙凝固着中华文明历史的辉煌，它不仅是古城西安独特的文化遗产，也为喧嚣的现代都市提供了空间和精神的双重庇护。如何从历史环境中营造一个依托城墙，适宜步行并共享城市生活的有特色、有魅力的城市公共休闲空间系统，为市民提供日常休闲的好去处；如何处理好市民、游客、商家的利益平衡关系，是本次设计的宗旨。

　　我校本次参赛的两个团队均选取 B 地块为规划设计对象，地块位于尚德门 - 安远门（北门）段，范围介于尚德门以西、安远门（北门）以东之间，尚德路以西、北大街以东、西七路以北的顺城巷及沿线之间。基地对于外地同学而言，既陌生又充满好奇。同学们从一片空白到学着用寻找并解决问题的心态，脚踏实地将自己融入其中，去调查居民的生活，了解他们的诉求，在发现现有空间存在问题的同时也发现了很多眼前一亮的场景……；同学们在很短的时间内基本抓住地块的特征，从调研分析、场地选择到最后的表达都体现出调查工作扎实、到位，和一种较为敏锐的判断力，确实值得肯定。

参赛学生

李大洋　　　　　黄祯　　　　　马骏　　　　　王睿坤　　　　　韩会东

　　依据调研我们发现基地内存在的问题：1.顺城北巷多以单位大院的居住单元为主，出现文化记忆流失、社区老龄化的问题；2.北新街两侧由于驻留大量的学校，学区房租赁成为十分常见的现象；3.基地不同人群的路径糅杂，活力丧失并分布不均。设计提出"一刻钟生活圈"理念，基于个体行为学视角，研究各类人群的行为特征，提出个人出行规划 (Personal Trip Planning, 简称"PTP")，通过完善社区公共服务设施，整合地区社会资源、创新服务模式、完善服务网络，让居民在步行 15 分钟的范围（1.2km）内享受到快捷、便利的基本生活服务。通过四个设计策略，实现设计目标：1.复合用地布局：在老城区，强调城市原有存量空间的弹性利用和活化再生，维持其特有的职住平衡，同时强调功能复合和公服分散，从而扩大生活圈的服务广度。2.演绎历史文化：设计尊重现有交际圈，降低交往成本，通过寻找遗失的生活方式完善宜老社区的构建。重塑文化空间，沟通视线并打造片区风貌特色，形成内城文化旅游带，从而挖掘生活圈的文化深度。3.塑造活动空间：塑造相宜的尺度和共享空间，完善片区绿化系统，满足人们日常运动休闲需求，从增加生活圈的活动力度。4.勾画便捷路线：通过梳理交通流线、完善低碳出行机制、整理社区开口、改造道路断面平面、打通交通环线，勾画出顺畅的出行路径，从而体现生活圈的便捷程度。

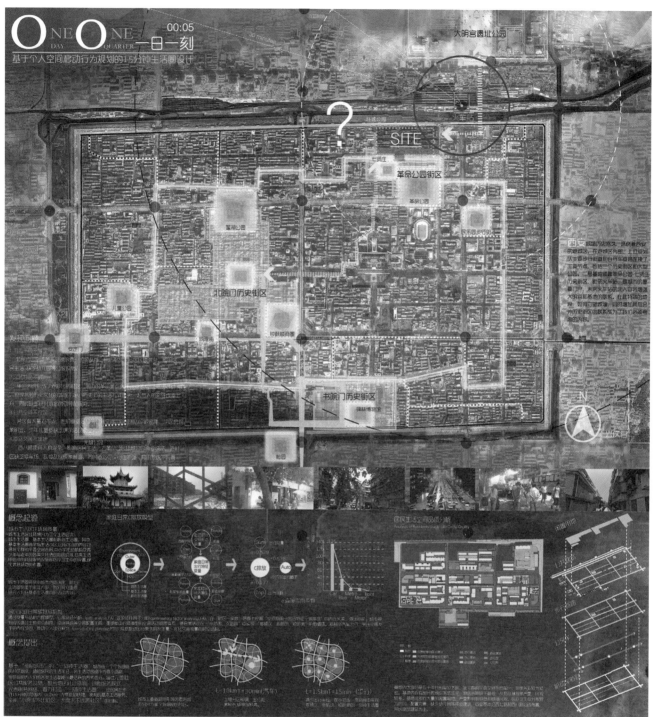

ONE ONE 一日一刻

DAY QUARTER

00:05

基于个人空间移动行为规划的15分钟生活圈设计

二等奖

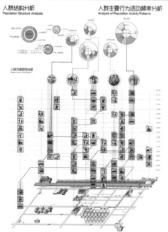

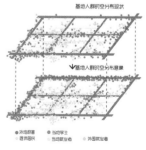

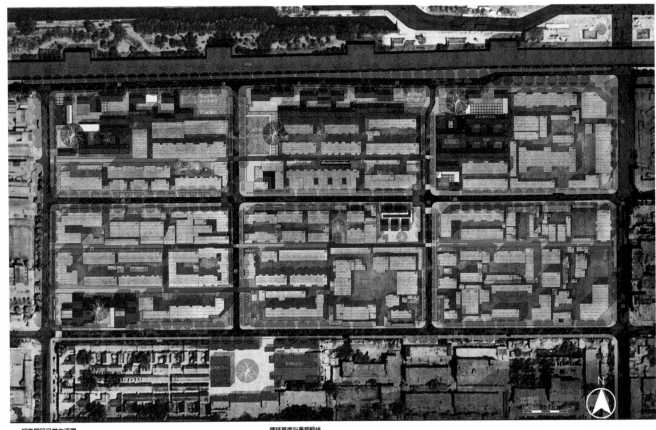

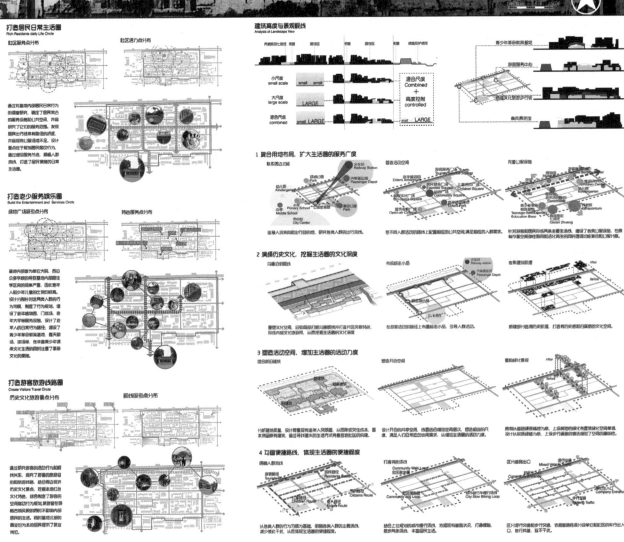

打造居民日常生活圈
Rich Residents daily Life Circle

社区服务点分布　　社区活力点分布

打造老少服务娱乐圈
Build the Entertainment and Services Circle

绿地广场吸引点分布　　特色服务点分布

打造游客旅游线路圈
Create Visitors Travel Circle

历史文化旅游景点分布　　观线吸引点分布

建筑高度与景观观线
Analysis of Landscape View

小尺度 small scale | 大尺度 large scale | 混合尺度 combined

混合尺度 Combined
高度控制 controlled

1 复合用地布局，扩大生活圈的服务广度
联系周边功能

2 演绎历史文化，挖掘生活圈的文化深度
汉唐沿街观线

3 塑造活动空间，增加生活圈的活动力度
混合新旧建筑

4 勾画便捷路线，体现生活圈的便捷程度
串联无障碍路线 | 打造特色街区 Community Walk Loop | 区分道路出入口 Mixed Traffic

ONE ONE 一日一刻
基于个人空间移动行为规划的15分钟生活圈设计

文化交流区　幼儿园　青少年革命教育基地

二等奖

行为规划与绿色低碳
Action Planning and Green Low Carbon

节能技术与绿色低碳
Low Carbon Energy Saving Technology and Green

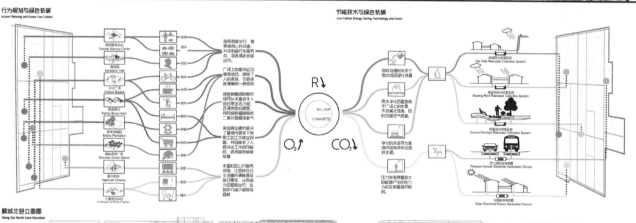

顺城北巷立面图
Along the North Lane Elevation

生活巷道人群分布展示图
Life Crowd Distribution Map of Roadway

道路断面设计
Road Section Design

步行道路断面
Walk The Road Section

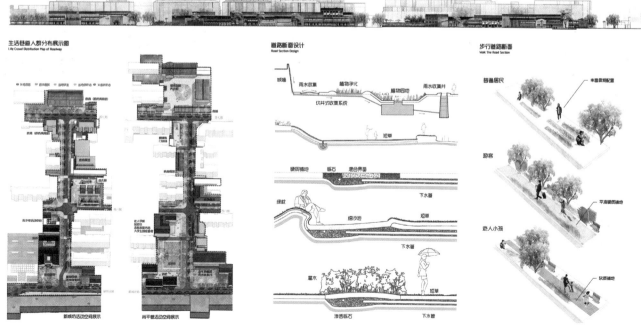

溢空间
——西安顺城巷更新改造

指导教师

廖宇航

倪轶兰

　　竞赛对学生是挑战，对老师亦如是，几点经验供分享与交流。首先是解题，在西安的听课收获很大，出题人尤涛老师亲自讲解题目的由来使我们瞬间明白这是一个需要围绕慢生活展开的出发点，目标很快确立。其次是处理一手资料的保质期，调研当天强度很大，连夜组织学生进行的头脑风暴，将各类信息在"鲜活"时就被整合，因为保鲜及时，当构思开始时，"街道"的高敏度很快被发现，人们生活的一切都在"街道"上演，于是"街道"这个载体很自然成为我们设计的核心内容。再次，老师在其中扮演着微妙的角色，"授人以鱼不如授人以渔"，教会学生从自发性思维转变成自觉性思维是竞赛一大启示。如在构思之初，我们指出竞赛和普通的设计不同就在于其具有前沿性，因此"务虚而不务实"是我们对他们的总体方向的既定，并提示设计是否可沿着"埏埴以为器，当其无，有器之用"的哲学启发，以"街器"为概念尝试组织构思，学生经此明义，反其道行之，认为"有容乃大"提出"溢空间"的概念，这就是一种良性的互动，设计过程也因此高效。最后，在方案深化阶段，学生们会因盘根错节进入细节的缠斗中而不知如何取舍，此时我们就会提醒他们要 "冗繁消尽留清瘦"。总体而言，对题目的解读和对方向的把握是需要指导老师在关键节点上果断地进行干涉，而其他，无为而治无可无不可。当然，竞赛无论对学生还是老师而言，都让你遇见了最好的自己。

参赛学生

方俐玮

廖荣昌

吕明

黄江恒

覃媛媛

　　说到大学时期最难忘的经历，一定是跟同伴们准备"西部之光"竞赛的这段时光。即使到了现在，2014年暑假两个月，从调研、初步方案到最终成果，整个过程依旧历历在目。当初参加比赛是抱着扩展新的设计思路，积累合作经验和应用专业知识的初衷，虽然其中的过程并不是一帆风顺，我依然觉得这是个非常令人满意的结果。整个过程中印象最深刻的还是合作的经历。因为设计题目比较灵活，方案初期设计方向没定下之前小组成员之间没少争论，但是我认为小组里有一些"火药味"正是大家在用心做同一件事情的证明。经过了一个暑假的磨合以及老师的正确引导，组长综合了各种意见，大家都在各自擅长的方面做出贡献。在方案设计方面我们前期阅读了大量基地资料及相关文献，放弃了"海绵城市"、"城市针灸"等当时比较热门的理念，最后选择了侧重内外部空间转换的设计。经过方案设计的扩展和深入，我发现一个好的方案不管运用哪种概念或理论，都不能生搬硬套，而是要切实分析地方的特殊性，辩证地运用这些理论。另外，此次竞赛不仅加深了我们对城市设计的思考，见证了我们的成长，更给我们带来很多与外校学生甚至业界专家交流的机会。感谢这次机会给城市规划学生创造优秀的交流平台，希望"西部之光"竞赛一直举办下去。

场所精神
The spirit of place
守望 城墙
Street Aesthetics
街道美学

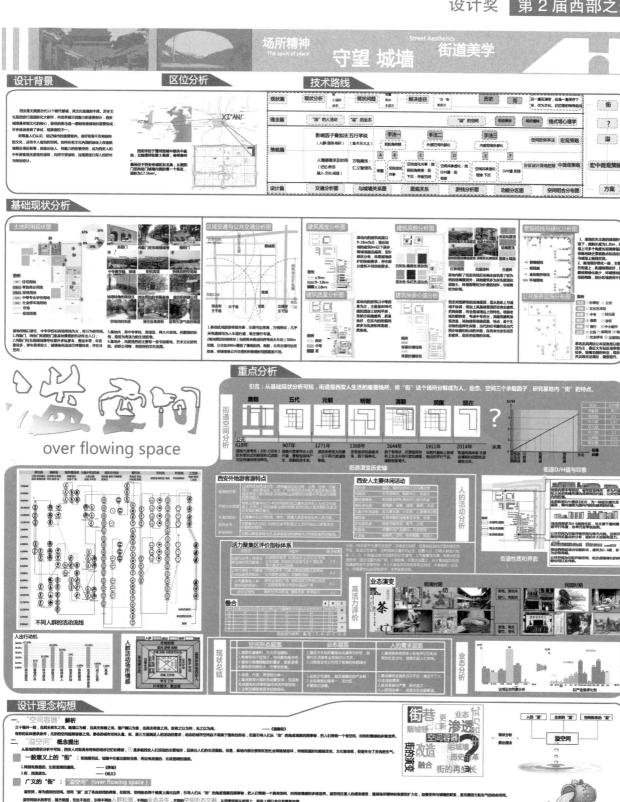

over flowing space

设计背景

区位分析

技术路线

基础现状分析

重点分析

设计理念构想

场所精神 The spirit of place 守望 城墙 街道美学 Street Aesthetics

更新改造策略提出

人·需求·情感

根据城墙周边不同区域、参与人员数量和因子分析人们的情感回调得出不同人群的特点，研究其记忆/情感/体验/融合感/休闲等情绪回调，从而回应满足人们的需求、活动需求的空间。

业态布置

宏观策略

一、背景理论

明·都城(1549年)，清初城巷在安定门与长乐门一线按城墙结构成"满城"巩固明而来，所有满街都两黄、白、红、蓝八旗军驻扎按五行规则来对布置...

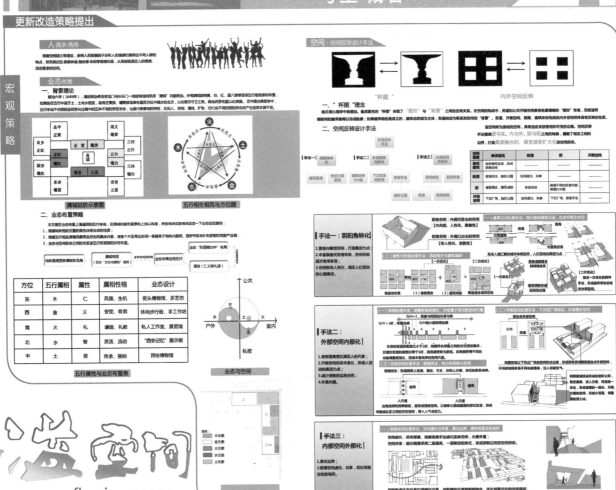

满城驻防示意图

五行相生相克与方位图

二、业态布置策略

本方案在业态布置上遵循阴阳五行学说，任清城池相布置原则上加以改造，并因地制宜按照情景设定出下业态应设原则：

1、根据地块相对位置遵循功能需求实现合理业态分布；
2、依据五行相生相克遵循来布业态商业元素，增各个地块商业化形成一条服务市的地块的业态；
3、业态与空间布局之间综合布置遵循来实现阴阳间五行布置。

方位	五行属相	属性	属相性格	业态设计
东	木	仁	风雅、生机	街头博物馆、茶艺坊
西	金	义	安定、收敛	休闲步行街、手工作坊
南	火	礼	谦逊、礼教	私人工作室、展览馆
北	水	智	灵活、流动	"西安记忆"展示街
中	土	信	传承、接纳	民俗博物馆

五行属性与业态布置表

业态与空间

空间：空间反转设计手法

一、"杯图"理念

二、空间反转设计手法

手法一：阴阳角转化

手法二：外部空间内部化

手法三：内部空间外部化

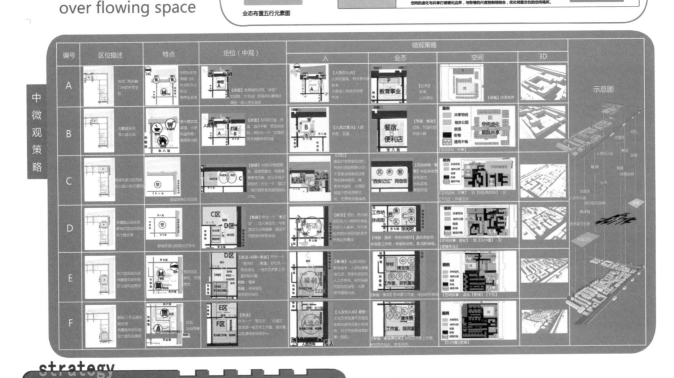

over flowing space

业态布置五行元素图

中微观策略

微观策略

编号	区位描述	特点	定位（中观）	人	业态	空间	3D
A					教育事业		示意图
B					餐宿、便利店		
C					"西安记忆"民宿街		
D					工作坊 休闲街		
E					学校 博物馆		
F					工作坊 城隍庙		

三等奖

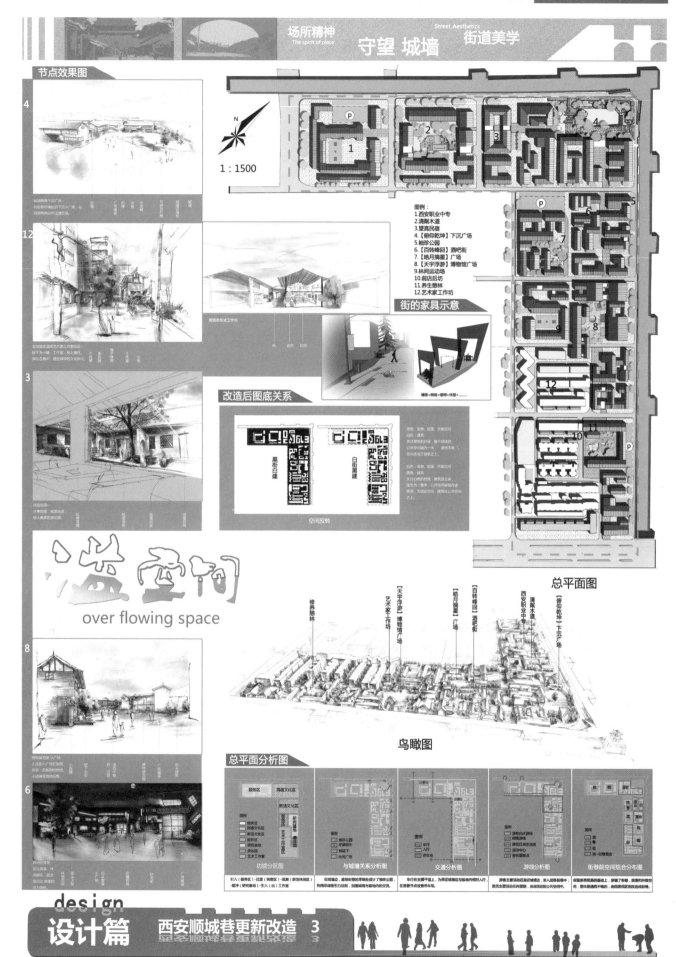

场所精神
The spirit of place
守望 城墙
Street Aesthetics
街道美学

节点效果图

4

12

3

over flowing space

8

6

图例：
1.西安职业中专
2.清凲木道
3.望高民宿
4.【俯仰乾坤】下沉广场
5.袖珍公园
6.【百转峰回】酒吧街
7.【皓月摘星】广场
8.【天宇浮游】博物馆广场
9.林间运动场
10.前店后坊
11.养生憩林
12.艺术家工作坊

街的家具示意

改造后图底关系

黑街白建　白街黑建

空间反转

总平面图

鸟瞰图

总平面分析图

功能分区图　与城墙关系分析图　交通分析图　游线分析图　街巷综合空间组合分布图

"围·合"
——西安市顺城巷朝阳门至中山门区段城市设计

指导教师

李建伟

有一种情结叫守望，意即守护、瞭望、维系；有一段记忆叫城墙，意即文化、精神、乡愁；守望城墙，维系乡愁，倡导低碳，塑造空间，是对一个传统时代逝去的眷恋，是与文化记忆相关的一种精神寄托。城墙承载了城市特有的生命历史，串联了最珍贵的城市历史文化精神，是一座城市长盛不衰的魅力与个性的诉说，是喧嚣的现代都市中空间和精神双重庇护的港湾。

然而，在城市现代化的裹挟中，在"文化、商贸、旅游"的大旗下，曾经调动兵马、输送物资的马道巷已渐行渐远，如今的顺城巷逐渐成为品茗啜茶、会聚亲朋的幽静去处，也多了几分明清古风和几分不温不火的商气。面对城市前行角度的纷乱，前行方向的偏离，如何使顺城巷在未来的城市公共生活中发挥更为积极的作用，如何在城市中心营造有吸引力、有特色、有魅力的公共休闲空间，如何使生活在城市之中的市民拥有同一份记忆，同一份情愁，是我们的出发点。

本次竞赛依托城墙，重点考虑城市历史文化遗产的传承与尊重、未来城市休闲生活与空间需求的关系、建筑空间与城墙景观环境协调的关系、慢行交通组织与城市公共交通系统的衔接、旧建筑利用与生态节能技术的应用等，探索低碳生态原则指导下的旧城更新改造方式。

参赛学生

王雨潇

李冬雪

刘倩

梁晨

谢莫岗

城墙作为西安重要的历史遗存，承载着古老西安厚重的历史记忆，顺城巷临墙而落，在巍峨城墙下古朴庄重，不见了以往的熙熙攘攘，多了几分萧瑟寂寥。如何使顺城巷在未来的城市公共生活中发挥更为积极的作用，探求城市生活和文化记忆之间的平衡，成为此次顺城巷改造的重点。

我们的设计引入"围合"的理念，思路始于里坊制中对空间的划分，围合之场所，一样的文化记忆，一样的生活体验，围合之过程，吸其长而克其短，共生融合。设计沿用传统街巷的营造方式和明清四合院的建筑形式，演绎老西安的作坊工艺，打造宜游的去处；植入利于居民交往的集散空间，增添市井生活氛围，构建宜居的场所。设计意在恢复顺城巷曾经的慵懒市井，实现未来的惬意时尚，引导人群在城市高楼的间隙里，沿着城墙根，深入到城市的小脉络当中，守望古老的城墙，深切体会西安古城的历史文化气息。

"围·合"——西安市顺城巷朝阳门至中山门区段城市设计

【区位背景】

基地之于陕西　基地之于西安　基地之于三环　基地之于城墙　基地周边区域　基地周边交通

陕西省西安市作为十三朝古都，历史文化悠久。基地位于西安市明城墙内侧的顺城巷区，朝阳门与中山门区段，区位优势明显。

【上位规划解读】

唐皇城复兴规划

发展示意图
西安唐皇城复兴规划中提出建设颐城旅游观光区；完善基础设施建设；建设步行街区；保护原有城市街区空间尺度；提高老城区的绿化面积；建立系统的绿化体系；逐渐推行慢行交通。

功能分区示意图

【物质空间背景】

励标小学　街道　诊所　西安市第四十三中　破损住宅
永兴坊　破损住宅　妇幼保健院　宝康幼儿园　沿街建筑
新中东巷1号　东风坊社区
安民里住宅
空地　活动板房

现状模型

现状东立面图

建筑功能分析图
商业　教育　居住　商住　基地范围

建筑风貌分析图
良好　较差　一般　基地范围

建筑高度分析图
1-3层　4-6层　7-9层　基地范围

建筑质量分析图
一般　好　差　基地范围

基础设施分析图
垃圾收集点　垃圾中转站　基地范围　公园　消防栓

【历史沿革】

唐

宋元

明

清

民国

1949年

现在

三等奖

唐朝时期实施严整的里坊制度，基地位于唐皇城以东，安兴坊兴永坊所在地。

宋元时期，里坊制逐渐瓦解，街巷制兴起，城内格局逐渐松散，因基地位于城墙以外，故未被开发利用。

明朝时期，在唐皇城基础上，向东北方向扩建。基地演变为顺城巷区段，位于城墙内秦王府的东侧，杨大人宅所在地。

清朝时期，清军在城内东北地区兴建满城。基地位于满城内，作为清驻军兵驻扎，其内部主要是校场和兵营，面积广阔，街巷稀少。

民国时期，西安城东北区发生了最重的变化，形成较严密的道路街巷空间，沿至至今，顺城巷地段形成较好的居住格局，商业功能日趋明显。

新中国成立后原有顺城巷区商业发展开始出现衰落的迹象，基地成为工厂所在地。

随着西安市的进一步发展，基地内的工厂外迁，原居民搬迁，作为工厂旧址的基地被改变。

【文化资源】

西安城墙是古都风貌的标志性建筑，位于城墙之下的顺城巷具有得天独厚的历史文化色彩。在巍峨的城墙之下，也被染上了古朴庄重之感，城墙成为当地居民心中的城市符号，是使其具有归属感和场所感的重要所在。

基地的保留传统街巷格局，因此以及具西安特色的街巷文化也被保留下来。街巷承担了公共空间的职能，是居民交往的主要场所。

基地原为工厂，改附其建成了聚工的家属区，后工厂倒闭而迁出，家属区却保留了下来。基地内的居民也多是原工家属及后代，他们之间相互熟悉对该地有共同的归属感，形成了融洽的大院文化。

基地内围绕居民形成了上宅下店式临街商业空间和临时搭位，而没有集中的商业中心。这样的商业环境与小尺度的街道空间和低层的住宅形式相配套，商业店铺也成为了一种公共交往空间，形成了和谐的市井生活氛围。

基地及附近居民的生活，秦腔成为了日常生活的娱乐部分，此外由于基地处于清朝满城的范围内，当时庙宇较多，而"香火盛"是满城寺庙的真实写照，因此每年六月间，按民间风俗，更要为观世音菩萨、关羽、马王举行庙会暨大祭会。

基地内建筑体量均较小，除南端为新建仿古建筑，其余建筑质量较差，为低层住宅。该地区建筑低矮，尺度较小，形成了有利于交往的壮区空间。

城墙文化　街巷文化
商业文化　大院文化
建筑文化　民俗文化

【人群特征】

人群构成特征

原住民
0~1500元　1500~3000元　3000~4500元　4500元以上
儿童　中年人　老年人
构成分析　收入水平分析　文化水平分析　产业分析

基地原住民主要从事第三产业，包括住宿、餐饮等，但整体收入较为薄弱。

外来人口
0~1500元　1500~3000元　3000~4500元　4500元以上

人群分类

外来居民人口主要从事工程建设、餐饮等产业。

住宿　商店　工程建设　商贸　餐饮　交通

行为活动特征

8:00am　12:00am　16:00pm　20:00pm

居住空间
居民开始工作、经商
居住空间人口密度变小
室外空间人流逐渐增多
室外空间人流逐渐减少

街巷空间
街巷空间行人增多，路过者居多
街道人群移动增加
街道上人群休闲等活动增加
街道上人群休闲等活动减少

活动类型

基地的现状主要有居住空间和街巷空间构成，缺乏为人群提供休闲娱乐休闲活动服务的开敞空间，而且目前这些活动则主要集中在街巷空间。

【现状整合】

有利条件		不利因素			优化策略	

有利条件

区位：基地位于西安明城墙内侧的顺城巷区，区位优势明显。

交通：基地周边交通便利，有地铁一号线、顺城巷、环城路及城市干道环绕，距离市中心仅2.7公里。

土地：基地内存在大片的空闲土地为规划提供了较大的发挥余地。

文化：由于避开了现代商业的开发，顺城巷成为能体现市民传统生活的聚集地，具有浓厚的文化底蕴。

不利因素

空间：基地空间利用率低，缺乏公共空间，环城公园是周边唯一的公共休闲场所。

道路：道路通达程度低。

建筑：基地内建筑风貌异且质量差，影响整体风貌与居住环境。

设施：基础设施缺乏，且服务范围小、服务质量差，供电与给排水设施老化，安全性能差。

基地空间功能混乱，停车、休闲、堆放物品等活动占用着道路空间。

基地内道路等级混乱，人车混行，缺乏交通标志。

基地内建筑布局混乱，部分建筑采光受影响。

基地内垃圾中转站位置不合理，破坏居住环境。

优化策略

划分空间功能，增设公共休闲场所，合理使用空间。

地下停车，优化地面步行环境，增加交通标志。

结合周边建筑，统一风貌，拆除破损建筑。

完善基础服务设施的配备，合理布置市政设施位置。

【规划定位】

●**目标定位**：历史氛围营造　民俗文化传承　打造明清风貌

要素提取
四合院　里坊　城墙

战略构思
功能植入　民俗、饮食文化　手工艺行业　原有居住功能

围
合
守望
守望者
人群重构　居民　游客

空间整合
人群整合
功能整合

"围·合"——西安市顺城巷朝阳门至中山门区段城市设计

三等奖

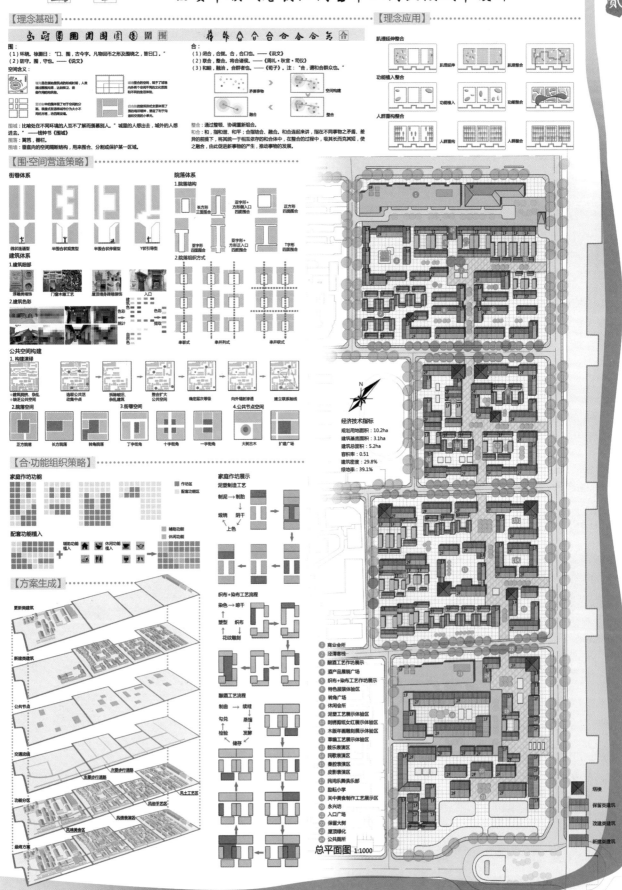

"围·合" ——西安市顺城巷朝阳门至中山门区段城市设计

人面不知何处去，桃花依旧笑春风。高天流云，千年逝去。蒼城故事仍然浅吟低唱。斗转星移，岁月更替，人面桃花，乡愁萦绕，跨越千年的巷城记忆依旧延续。

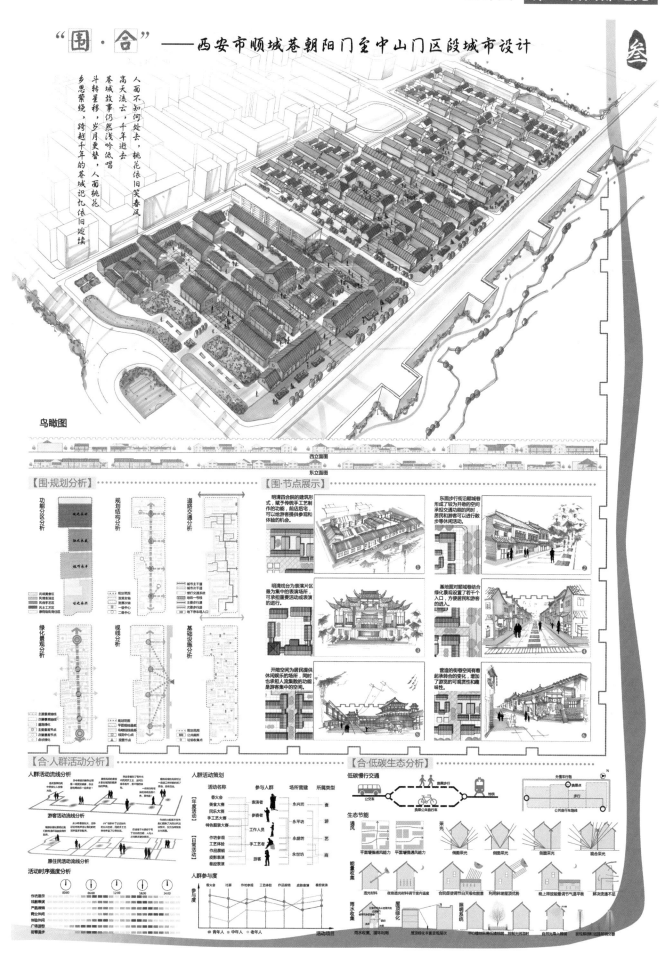

鸟瞰图

西立面图

东立面图

【围·规划分析】

功能分区分析　规划结构分析　道路交通分析

绿化景观分析　视线分析　基础设施分析

【围·节点展示】

明清四合院的建筑形式，赋予传统手工艺制作的功能，前店后宅，可以给游客提供参观和体验的机会。

东围步行街沿顺城巷形成了较为开敞的空间，承担交通与游览的需求，居民和游客可以进行散步等休闲活动。

明清戏台为表演片区最为集中的表演场所，可承担重要活动或演演的进行。

基地南对颖城巷结合绿化景观设置了若干个入口，方便居民和游客的进入。

开敞空间为居民提供休闲娱乐的场所，同时也承担人流集散的功能，是游客集散中的空间。

营造的街巷空间有着起承转合的变化，增加了游览的可观赏性和趣味性。

【合·人群活动分析】

人群活动流线分析

游客活动流线分析

原住民活动流线分析

活动时序强度分析

人群活动策划

人群参与度

【合·低碳生态分析】

低碳慢行交通

生态节能

采光

041

CITY-MEMORY 守着城墙，悠闲生活
——重塑城墙内新市井生活空间系统

指导教师

艾华

在西安，城墙是记录古都曾经辉煌盛世的形制元素，是承载着市民们历史情感和集体记忆的重要场所，也是老城居民稀松平常却又鲜活生动的生活背景，更是外地游客眼中必须签到的旅游景点。顺城巷一带更是为我们展示出随时代发展丰富多元的文化特质和不同类型的空间形态。传统与现代，散落或已遗失的传统文化遗产在当今的"互联网+"时代受到巨大冲击，既有功能较单一的空间场所已无法满足全民休闲娱乐的生活需求，这一系列的冲突和矛盾让我们开始重新思考："城市设计的目的是什么？"答案是唯一的，为了更好的生活，为了守得住昔日城墙记忆，望得见明天多元精彩的生活。城市设计的服务对象无疑就是附近居民、城中市民、外来游客，将他们的使用需求、行为路线作为切入点，叠加时间元素，构成空间组织线索，继而实现该片区空间整体性重塑的目标。

生活＝每一天里 人＋时间＋空间。我们试着重塑顺城巷片区市井生活空间秩序，唯愿人们继续守着城墙，悠闲生活。

参赛学生

杜映辉

黄婷

唐菱

郭子川

林真真

结缘于"西部之光"，我们第一次来到西安，对于这座城市充满了好奇。城墙，西安的城市名片，自隋唐皇城算起，已经有了一千四百多年的历史。城墙作为守护者的姿态，在这一千多年来的岁月里与这座城市共存着，如今的它已然失去了守卫御敌的作用，更多的是陪伴着这座城市。随着时代的发展，我们开始思考，城墙的价值是否仅仅在于它的历史文化，它与相邻片区的居住区有怎样的关系，又能为市民带来些什么呢？我们沿着古城墙漫步，体会着这里的生活气息。一大早，混迹于当地居民中，喝着胡辣汤，吃着浆水鱼鱼，听一口地道的西安方言。临着古城墙，这里发生的一切都如此生活。于是，我们想定格住这样的生活，想定格住爷爷奶奶们聊天的闲适，想定格住小孩子在树荫下乘凉的安宁，想定格住邻里错身间点头的友善。我们在这里，像原住民一样生活了几天，通过不同类型的人群，去发掘他们不同的活动路线，再从这些路线中寻找他们的需求，将这些需求实现在一个一个的空间节点里，让生活变得更舒适。城墙则作为这一切的幕布，守护着这里的居民，而如果你从城墙上走过，眺望着这一片生活区，它将会呈现出最真实而生动的西安生活。这便是守望，是我们想说的，想留住的。

CITY-MEMORY

守着城墙，悠闲生活 重塑城墙内新市井生活空间系统

BACK TO THE LIVING CITY

如果将历史街区比做人体，建筑就好比脏器，人类活动就是维系建筑生命的血液，而公共空间就是血液循环系统，从城市空间中收纳人类有秩序地送入各个建筑功能空间，期间人类活动还要在公共空间和建筑空间中进行多次循环，最终再通过公共空间将人类送回城市空间。随着经济的发展，街区逐渐构建起复合功能体系，然而改造后住住忽视了功能的复合性特征，导致了公共空间形式与功能需求的脱节。我们急需探究在新的功能要求下，历史街区公共空间表现出的空间形态的独特性。

■人群要素

时间 　人群	老人	中年人	青年人	儿童
07:00-09:00	5	3	1	1
09:00-11:00	3	1	1	2
11:00-13:00	1	1	1	1
13:00-15:00	3	2	2	0
15:00-17:00	3	1	2	0
17:00-20:00	6	5	3	1
20:00-23:00	2	3	1	0

单位：人/分钟

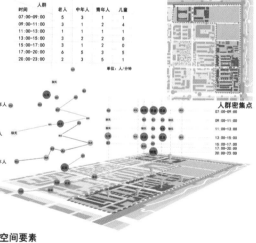

人群密集点

07:00-09:00
09:00-11:00
11:00-13:00
13:00-15:00
15:00-17:00
17:00-20:00
20:00-23:00

■区位要素

■区域要素

交通次干道　交通干道　交通节点　　西安城墙　西安城墙　文化遗址　　纵建地铁　地铁线路　地铁站点　公交线路　公交站点

■空间要素

公共生活服务　教育设施服务　商业配套服务

现状公共空间　　　市民渴望宜住，休闲空间，自发制造公共空间　　可能公共空间　　现存空地和城墙紧密联系，可开发为公共空间　　服务配套网络

■空间要素

现状树木　　　居住　自建房　医院　学校　宾馆　便民服务

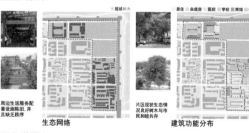

周边生活服务配套设施陈旧，并且缺乏秩序　　　片区现状生态情况及良好树木与市民和睦共存

生态网络　　　　　　建筑功能分布

■街道要素

夏　　冬　　　　完全封闭　开放指引　　满载空间　中性空间　积极空间

■人流聚集点　车行交通　人行交通　混行交通　　　现状道路　通行障碍点

 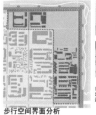  

步行空间尺度分析　　街道来往车辆较少，尺度宜人，市井生活气息重　　步行空间界面分析　　东六路街道空间活跃，城墙下街道空间相对封闭　　街道空间分析　　现状公共空间缺乏，机动车辆占据道路空间　　现状机动车道/慢行道路分析　　来往车辆较少，主要以人行与电瓶车为主　　街道通行障碍点分析

三等奖

■街道梳理

■总平面图

清理路障，优化景观　　构件配置，休闲提升　　节点塑造，文脉保护

■生活空间分析

■娱乐性建筑　■直接观望城墙区
■休闲型空间　■间接眺望城墙区

耍 FA　　　瞅 COU

■开放空间　　■商业建筑
■宅前绿地　　■底商建筑
■弹性空间

谝 PIAN　　咥 DIE

■规划目标

实现城墙功能转换，注入人文、娱乐、体育、旅游等各类面向各类人群的活动

■慢行交通
■主要轴线
■古城墙

功能注入

将城墙与规划区慢性系统贯通，打通新旧片区步行轴线，增加区域公共空间

■主要轴线
■慢行交通
■城墙边街道
■下城墙步道
■古城墙

路径贯通

以城墙作为历史记忆的承载体，以立体活动串起城墙下空间，提升片区文化氛围

■城市记忆点
■古城墙

延续城墙记忆

针对特有的传统街道肌理，打开内部原先封闭的空间，结合新区肌理梳理，激活片区活力

■活力点
■慢行道路
■主要轴线
■古城墙

激发街巷活力

CITY-MEMORY

守着城墙，悠闲生活

重塑城墙内新市井生活空间系统
BACK TO THE LIVING CITY

■概念演绎

西安城墙

历史 — 创造 — 传承 — 文化
人

守 — 守墙人 — 互守 — 人守墙

望 — 人望墙 — 互望 — 墙望人

城在"墙"中
"人"在城中
墙围合城市
人营造生活

"守"物质形
精神形式"望"

城在"墙"中
"古"历史时间
"新"文化日常市井情景系列

■需求分析

老年人：社交、学习、健身、工作
中年人：娱乐、玩耍、读书、售卖
青年人：展示、传承、社交
儿童：体验、生意、生产
游客

人群分类　　公共生活需求　　需要对应空间　　空间业态

■商业建筑　■社区中心
点状空间　■微小服务业

步行街
线状空间　■复合廊道
生活道路

社区中心
面状空间　■弹性空间
广场

■规划策略

问题：
1. 基地内部功能缺失
2. 缺乏聚集人气的能力，人流外散

策略1：打通内部交通
打通基地内部与外部的人行通道和线路连通，增强基地与城市的联系

策略2：引入市井文化
引入内含传统文化艺术点在城墙下塑以继续，从而得到保护与传承

策略3：激活活力节点
提取，建设活力点，是现在有传统生活方式，同时结合新市井，给予城墙新的生机，墙中间，民望墙，形成和谐的守望关系

策略4：形成守望关系
打通、梳通街巷，激活城墙内的互动

■SWOT分析

Strenth--优势

1. 基地紧邻历史悠久，人文资源丰富的西安城墙
2. 城墙为人们提供了空间和精神的双重庇护
3. 基地内传统低层建筑与城外的现代建筑风格差异
4. 基地内步道修建完善，尺度宜人，修建质量较高

Weakness--劣势

1. 地块内的刻板错觉，街道环境及周边脏乱差的。
2. 地块内传统的民俗文化和建筑形式没有得到很好的继承和保护。
3. 地块内缺少必要的公共设施，缺少对地块内群体的人文关怀。

Opportunity--机遇

1. 慢行交通越来越到重视，人们低碳出行意识逐渐提高。
2. 城墙旅游业建设，推动地块的休闲资源发展
3. 多元文化时代更聚集地块更多的活力风源发展出发。

Threat--挑战

1. 合理保护与开发现有人文及历史资源
2. 构建及修缮城如何增强凝聚对与现代风格产生冲突
3. 如何更好的联系城内与周边旅游资源

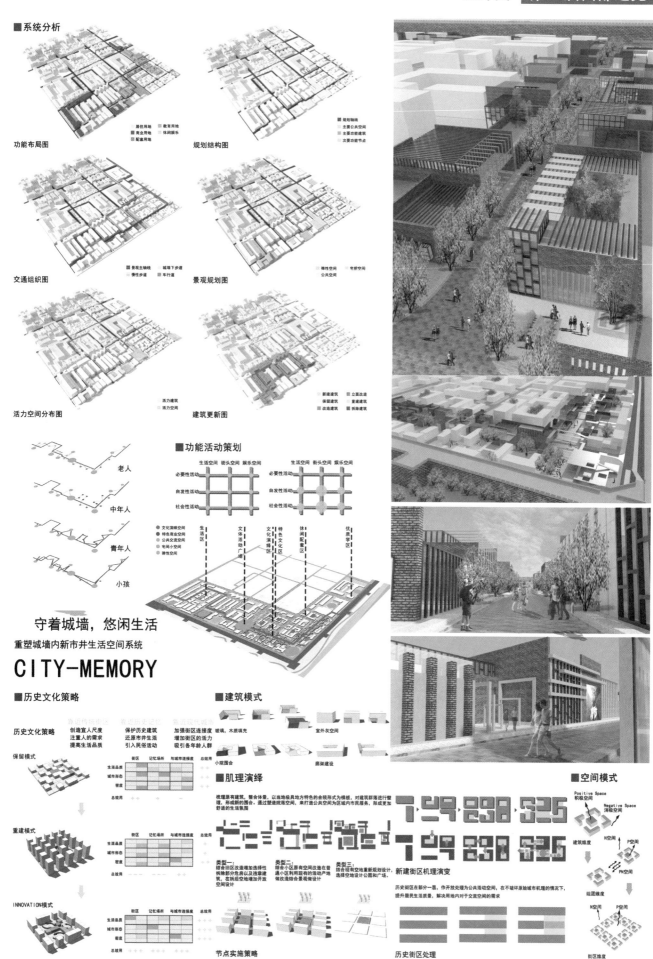

■系统分析

功能布局图

规划结构图

交通组织图

景观规划图

活力空间分布图

建筑更新图

老人

中年人

青年人

小孩

■功能活动策划

守着城墙，悠闲生活

重塑城墙内新市井生活空间系统

CITY-MEMORY

■历史文化策略

历史文化策略

创造宜人尺度
注重人的需求
提高生活品质

保护历史建筑
还原市井生活
引入民俗活动

加强街区连接度
增加街区的活力
吸引各年龄人群

保留模式

重建模式

INNOVATION模式

节点实施策略

■建筑模式

玻璃，木质填充

小院围合

室外灰空间

廊架建设

■肌理演绎

类型一：
结合旧区改造增加选择性
拆除部分危房以及违章建
筑，在拆迁空地加开放
空间设计

类型二：
结合小区原有空间改造在着
通小区利用现有的活动产地
做改造综合景观做设计

类型三：
结合现有空地重新规划设计，
选择空地改造公园和广场。

新建街区机理演变

历史街区处理

■空间模式

Positive Space
积极空间

Negative Space
消极空间

建筑维度　N空间　P空间

PN空间

组团维度

N空间　P空间

街区维度

古城微手术
——西安人／空间／生活

指导教师

段德罡

王瑾

古城微手术，从生活在古城中形形色色的人出发，了解他们的生活状态，挖掘他们的个人生存价值，人和这里的空间特点是相互承载的，不是大拆建，不是大同化，而是大传承、大尊重，故而采用最小干预的方式，在尽可能保留肌理与空间特点上，满足各种人群对公共生活空间的需要。主要包括功能的置换，空间的改造与立面的改造。

比如，在最大的片区给定两个较大的院子，这里对院子的定义不再是私人院落，而是具有传统空间特色的公共活动场地，其中一个较小的院落，为当地的戏迷们提供了一个戏台，人们可以一起照常在这里谈秦腔，吼秦腔；另一个较大的院子里，在原有的底层住房里置换了商业和展览功能，让人们可以在这里跳广场舞，累了的时候，喝喝一楼的酸梅汤。在其他街巷中，延续原有特点，通过文化墙等方式打破原有街道因为墙身过高且无入口导致缺乏人气；部分集聚的一层住宅改造成公共活动中心或沿街小店，为居民提供日常休闲与集散场地；以及对闲置的买菜简易架子进行更新利用，作为路边水果点、早餐点、饮品点等。

"古城微手术"，诊的是老西安人朴实的生活与尊严，诊的是城墙下老旧空间与现代化功能。

参赛学生

郑笑眉

李晨黎

张思齐

杨蒙

城墙下的土地，绝不仅仅是那热闹的菜市场、喧嚣的露天麻将、老旧的棚户房、亲切的老社区……城墙下的生活似栩栩如生的画卷，人们在城下的空间热闹地延续着一代代生命。在西方的草坪广场＋公共建筑模式冲击下，城墙守望着小街巷独特的生命力。除了淳朴的生活场景，我们还深切体会到历史感。不同时代的建造物与构筑物在这有一定规模的集汇，从大金顶的喇嘛寺，到20世纪七八十年代的多层民居；从巷口集体的水龙头，到建成数年的洗车店；从明朝的城墙砖，到现代的柏油路面……在这里，历史和老西安的生活方式是最珍贵、最有价值的宝，是接下来的设计中应当被"守望"的净土。 在几次和指导老师探讨的过程中，我们逐步挖掘这里的人文特点。很多老西安人有自己的手艺，有人会捏泥人，有人会唱秦腔，有人爱收藏，有人会书画。但是随着年轻人出城打拼生计，留下的老西安人有如被时代遗忘。而我们要做的，就是使他们更好地生活在城墙下，段老师说："要最大程度的尊重，但是尊重不等于无作为。"几轮讨论下来，我们决定从功能需求出发，在现存交通网上，发现人的交通行为，联通一条东西向主要街道来串联整个街区，并通过三条南北向的纵向巷子带动整个片区。在主要街道上恰好有一个较大危房区与两小片混乱居住区，我们认为他们的肌理与空间都是有生命的，于是我们将城墙下现有的空间与造型进行改造与统一。在保留这里的空间精神的同时，对这里的功能进行更新。

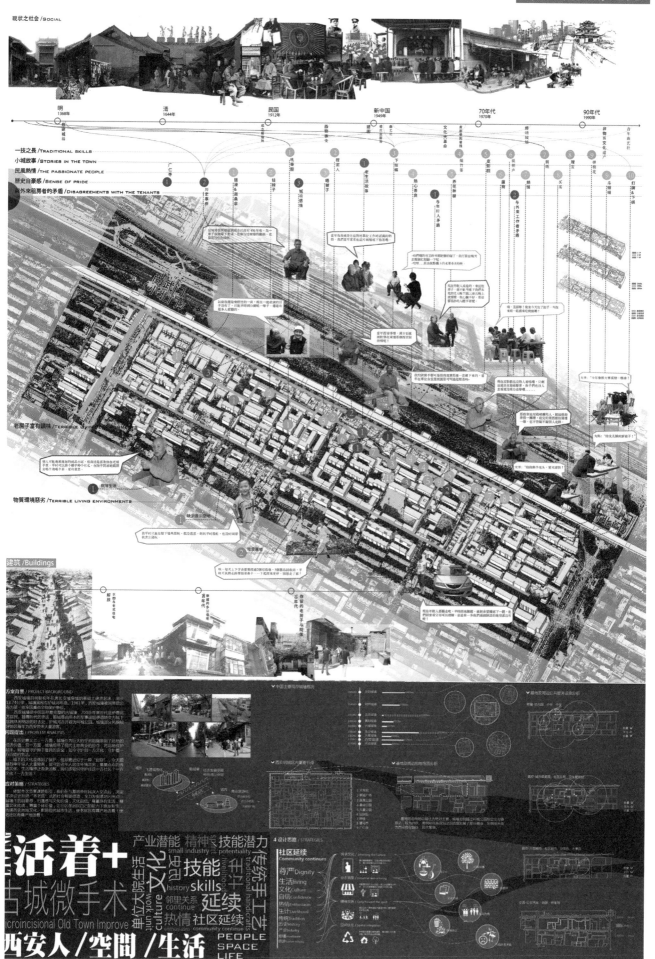

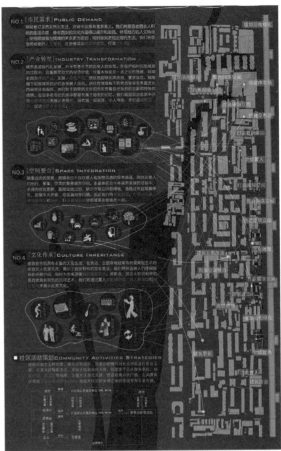

理念创意专项奖

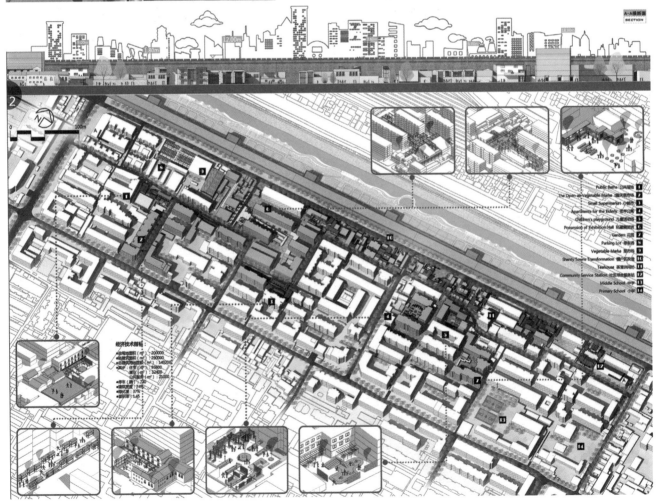

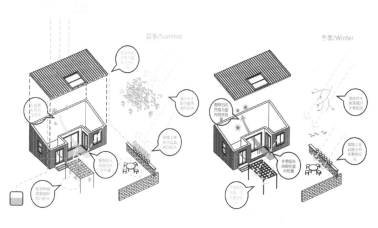

▼ 建筑与庭院节能措施

传统建筑室内外设计经验当中有很多简单易行的绿色措施，无需高昂的成本与先进的科技技术即可获得怡人的居住环境。

建筑方面，通过一个个庭院来控制室内温度，夏季储水以带来徐徐凉风，冬季铺满鹅卵石以为夜间积蓄热量，从而节省制冷与采暖耗能；庭院方面，通过翻架上种植攀援植物，矮墙上放置花盆，落叶乔木等在冬夏不同的形态创造怡人的室外活动空间。

理念创意专项奖

▼ 微观设计策略

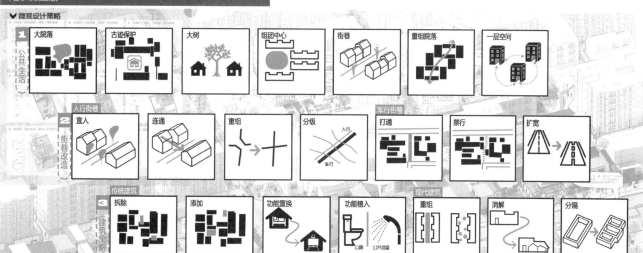

城墙脚下的新社区

指导教师

任云英

解题：任务要求立足于低碳，绿色和可持续发展理念。因此，结合现状，以最少介入、微创和社区保护的方法，形成城墙下的社区生活博物馆：承载历史、容纳生活、传承文化。

立意：城记——用新的时代精神守望古老城墙。

策略：采取社区保护和微创改造模式，应对历史遗存问题，棚户区空间整合与改造，单位社区有机更新，废旧厂房再利用等方式，单位社区老龄化到多元化及创意产业植入发展等，塑造古城脚下的有机综合社区博物馆，以及绿色，低碳生活理念下的慢生活空间场所。建构空间秩序、社会秩序主导下的休憩经济活力空间。

路径：文脉延续、空间福利、产业植入、活力再生。

01. 尊重原有肌理，以微创修复社区空间，植入新的业态，激发社区活力，传承建历史建筑的人文气息，延续历史文脉——塑造主题空间。

02. 公共空间策略，由存量空间入手，挖掘可利用的空间。通过开放空间的组织，提升空间品质。

03. 社区业态植入，考虑该地区注入新的活力与经济收入来源，注重空间环境的塑造。植入创意产业：利用衰败的工厂，为创客提供平台，吸引艺术家、学者建立 SOHO 社区引导文化产业发展，支撑社区更新。

04. 城墙公社社区，建构原居住民、创客、游客形成的新型和谐社区，为老龄化社区注入新鲜血液和活力源。

参赛学生

吴晓晨

祁玉洁

李嘉伟

杨敏迪

周琦

在方案中我们提倡一种新的改造方式以最少介入为宗旨，尽可能保留其原貌，结合现状用最低的改造强度，对此地区进行更新改造。在城市发展中，改造区经历了辉煌与没落，那么我们的目标是让改造区重获新生，形成一套自我生长，自主更新的系统。这样在未来，面对时代的变迁，功能的转换，改造区能针对不同的问题，形成一套自己的应付方法。而在改造区内部，我们提倡的是保护高混合度的现状，提倡人与人之间的交流，为交流与事件的发生提供良好的空间载体。将生活、生产、消费、文化共同融合在改造区内，多样的活动使生活在改造区内的居民不再是独立的个体，而是形成了网络，每个人都以参与者的身份参与在社区生活中。消费、居住、产业、文化通过活化机构的构建有机地结合在一起，在社区中，在此居住的人可以在社区中同时完成消费、居住、文化、创业等活动，社会功能与物质功能共享在一个空间上。城市历史街区的价值得到重塑与传承，并完成自我生长，有机更新。

通过这次的竞赛，更加理解了规划工作者在团队作业中合作的重要性。团队合作，更多的是考验我们整个团队之间的合作、共进退，这样才会让我们整个团队连成一体，更好地为我们共同的目标而努力。感谢老师细心讲解，感谢组员积极配合。

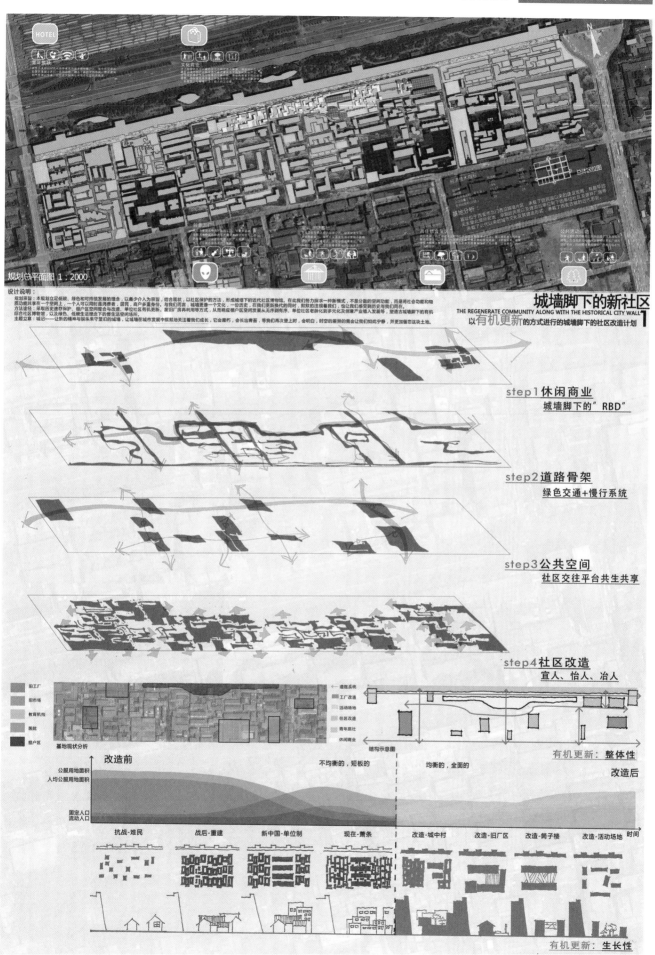

规划总平面图 1：2000

设计说明：

规划宗旨：本规划立足低碳、绿色和可持续发展的理念，以最少介入为宗旨，结合现状，以社区保护的方法，形成城墙脚下的近代社区博物馆。在此我们努力探求一种新模式，不是分离的空间功能，而是将社会功能和物质的能共享在一个空间上，一个人可以同时是消费者、居民、商户多重身份，与我们而言，城墙是像一个文化，一段历史，在我们更新换代的同时，默默的注视着我们，也让我们感受到历史变我们的存在。
方法途径：采取历史遗存保护、旧小区混搭共与改造、单位社区新旧有机更新。旧旧厂房再利用等方式，从而响应旧小区空间发展从无序到有序、单位社区老龄化到多元化及创意产业植入发展等，塑造古城城墙脚下的有机综合性社区博物馆，以及绿色、低碳生活理念下的慢生活的场所。
主题立意：城记——让新的精神与娱乐来守望旧的城墙，让城墙在城市发展中默默地关注着我们成长，它会魔朽，会长青苔，等我们再次登上时，全明白，时空的差异的美会让我们如此宁静，并更加留恋这块土地。

城墙脚下的新社区
THE REGENERATE COMMUNITY ALONG WITH THE HISTORICAL CITY WALL
以**有机更新**的方式进行的城墙脚下的社区改造计划

step1 休闲商业
城墙脚下的"RBD"

step2 道路骨架
绿色交通+慢行系统

step3 公共空间
社区交往平台共生共享

step4 社区改造
宜人、怡人、冶人

旧工厂
旧市场
教育机构
医院
棚户区

基地现状分析

墙体系统
工厂改造
活动场地
社区改造
青年旅社
休闲商业

结构示意图

有机更新：整体性

改造前　　不均衡的，短板的　　均衡的，全面的　　改造后

公服用地面积
人均公服用地面积

固定人口
流动人口

抗战-难民　战后-重建　新中国-单位制　现在-萧条　改造-城中村　改造-旧厂区　改造-筒子楼　改造-活动场地　时间

有机更新：生长性

城墙脚下的新社区

以**有机更新**的方式进行的城墙脚下的社区改造计划 THE REGENERATE COMMUNITY ALONG WITH THE HISTORICAL CITY WALL **2**

理念创意专项奖

交通绿化

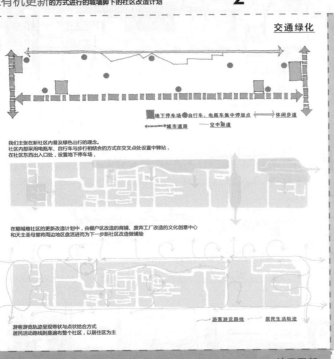

■地下停车场 ●自行车、电瓶车集中停放点 ←→休闲步道
←城市道路 —空中廊道

我们主张在新社区内普及绿色出行的理念。
社区内部采用电瓶车、自行车与步行相结合的方式在交叉点处设置中转站，
在社区东西向出入口处，设置地下停车场。

在顺城巷社区的更新改造计划中，由棚户区改造的商铺、废弃工厂改造的文化创意中心
和天主圣母堂将周边地区盘活进而为下一步新社区改造做铺垫。

游客游览轨迹呈现带状与点状结合方式
居民活动路线则是遍布整个社区，以居住区为主
←→游客游览路线 ←→居民生活轨迹

棚户区改造

以"格子"为基本单元，恢复传统院落肌理，
在三维空间上进行功能单元的整合重构

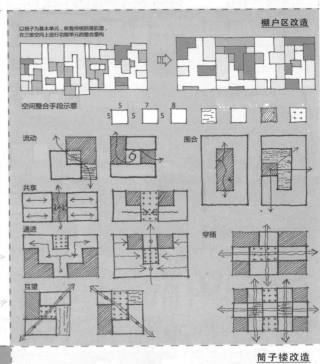

空间整合手段示意 5 5 7 8
5 5 5

流动   围合
共享
递进   穿插
互望

社区更新

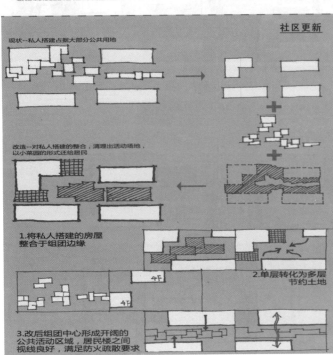

现状--私人搭建占据大部分公共用地

改造--对私人搭建的整合，清理出活动场地，
以小菜园的形式还给居民

1.将私人搭建的房屋
整合于组团边缘

2.单层转化为多层
节约土地

3.改后组团中心形成开阔的
公共活动区域，居民楼之间
视线良好，满足防火疏散要求

筒子楼改造

原有空间组织模式：廊道串联各部分空间

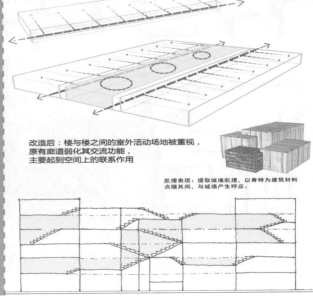

改造后：楼与楼之间的室外活动场地被重视，
原有廊道弱化其交流功能，
主要起到空间上的联系作用

肌理表现：提取城墙肌理，以青砖为建筑材料
点缀其间，与城墙产生呼应。

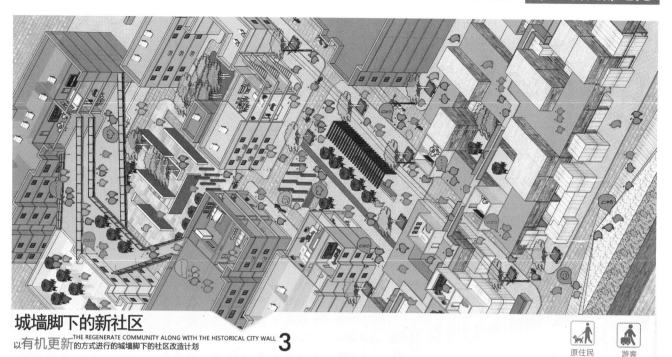

城墙脚下的新社区
THE REGENERATE COMMUNITY ALONG WITH THE HISTORICAL CITY WALL **3**
以**有机更新**的方式进行的城墙脚下的社区改造计划

原住民　游客

在传统社区，居住，生活，产业未有机的结合在一起。分散在城市的各个角落。居住在此的人居住，工作并未交织在一起。在有机社区中，在此的人的身份不再只是居住者，或工作者，或是消费者。多种身份在新社区中交织在一起，在此居住的人可以在社区中完成消费，创业等活动。社区可以完成自我生长与自我更新。

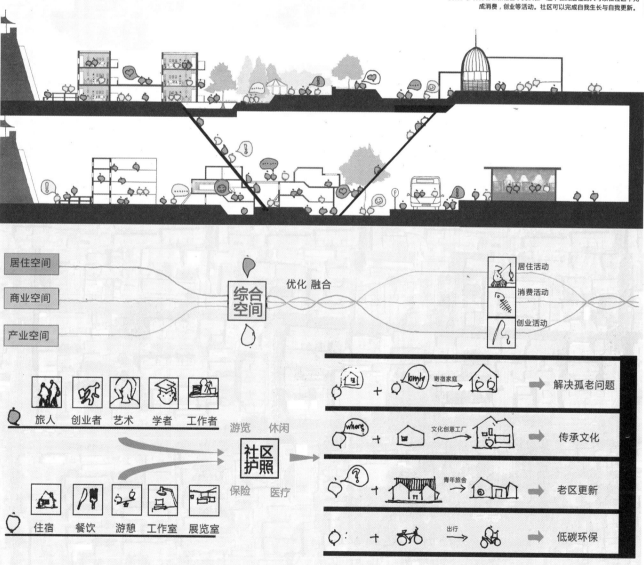

居住空间　商业空间　产业空间

综合空间　优化 融合

居住活动　消费活动　创业活动

旅人　创业者　艺术　学者　工作者

游览　休闲

社区护照

保险　医疗

住宿　餐饮　游憩　工作室　展览室

lonely　寄宿家庭　➡ 解决孤老问题

where　文化创意工厂　➡ 传承文化

?　青年旅舍　➡ 老区更新

:　出行　➡ 低碳环保

云径游"墙"
——西安顺城巷更新改造设计

指导教师

魏皓严

　　我一直对城墙怀着敬畏——上面萦绕着不知多少人的亡魂。在当今，为城墙注入生气，告慰千年的逝者，应是不二选择吧？

　　西安的古城墙为这个城市建立了一个独特的地平线，在12米高度的空中，而这个高度正好也是西安对城墙内侧沿线建筑的控制高度。在城墙上游走时，常常会有与那些建筑的屋顶（上活动的人们）面面相觑的感觉。这感觉真好——它不但是人与人之间的面面相觑，也是空间形态上的面面相觑，更是时间上（古与今）的面面相觑。那么，可以通过设计发展并强化这种面面相觑吗？城墙顶上其实是一个环旧城慢行道，人们可以在上面走路或者骑车。能否在与之面面相觑的、几乎同高的那些建筑屋顶上也建立一条慢行道系统呢？这样一来，就有了两条慢行路径，一者空旷怀古，另一者致密市井；在怀古处看市井，在市井处看怀古，皆是对方的彼岸花。那么，面面相觑就变成了隔伴游走——相互是分隔的，相互也是陪伴的；身体与空间上是离的，视野与情绪上却是即的，即离之间就有了微妙的复杂关系。

　　于是有了"云径游墙"的构思。现在想来，"云径"与"游墙"二词都不够准确，虽然径是有的，但没到云那么高；虽然是在游，但游的不是墙。还不如叫做"顶径——与古城墙的隔伴游走"，算是一次事后诸葛吧。剩下的工作就是让这个构思变得现实可行了，这并不容易，尤其是对于还在本科的两个孩子，何况他俩是在一学期的忙碌之后。

　　值得庆幸的是，她俩（因为是一男一女，所以分别用了"他俩"与"她俩"）为了一个更具想象力的西安城做出了自己的一份努力。

参赛学生

曾文静

潘青贵

唐佳

余珍

　　古——城墙、老槐，弥漫历史印象；广仁古寺、药王洞庙，散发着古都才韵……

　　今——记忆犹存，风华不再；凌乱了瓦砾，消瘦了脸庞；衰败、没落，与现代生活渐行渐远；都市中的明珠该何去何从？……

　　规划——外，西安城墙，墙墙相连；内，市井楼顶、廊道串联；游人立城墙，忆万古风韵，对望市井楼顶，览西安风情；居民戏屋顶，享喜怒悲哀，闲看古韵城墙，豪西安人生；宁静古城，亮丽云径，景胜当年，情悠然漫漫；寂寥古墙，灵动新"墙"，古今互望，心怡然悠悠；

　　未来——晨起，漫步云径，悠然游"墙"，问秦腔观书法；日落，集聚古槐，夕阳斜照，谈古事论今朝；隐居繁华背后，独看庭前闲花；此情此景，感动羡慕？幸福正在传递，是他们的，也是我们的，更是大家的……

云径游"墙"——西安顺城巷更新改造设计 I

整体鸟瞰图 | 区位分析图

Q1: 场地问题是什么? 怎么做?

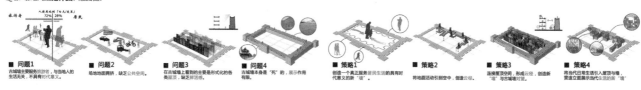

■ 问题1
古城墙主要服务旅游者，与当地人的生活无关，不具有时代意义。

■ 问题2
场地地面拥挤，缺乏公共空间。

■ 问题3
在古城墙上看到的主要是形式化的各类展示，缺乏群众感。

■ 问题4
古城墙本身是"死"的，展示作用有限。

■ 策略1
创造一个真正服务居民生活的具有时代意义的新"墙"。

■ 策略2
将地面活动引到空中，创造云径。

■ 策略3
连接屋顶空间，形成云径，创造新"墙"与古城墙对望。

■ 策略4
将当代日常生活引入屋顶与墙，营造立面展示当代生活的新"墙"。

Q2: 如何选择区域进行设计?

尚武门　安远门　西安火车站
莲湖公园　革命公园　莲湖公园
陕西省政府　西安人民体育场　国际会展中心

■ 规划范围选择

■ 位置特点
基地受西安行政文化中心的活力辐射，基地较为活跃。

■ 周边功能
周边功能多样，人群聚集度高，包括居民、旅游者。

■ 现状使用
内部用地类型丰富，设计意在探讨模式化，可推广到内城其他地方。

Q3: 方案的亮点是什么?

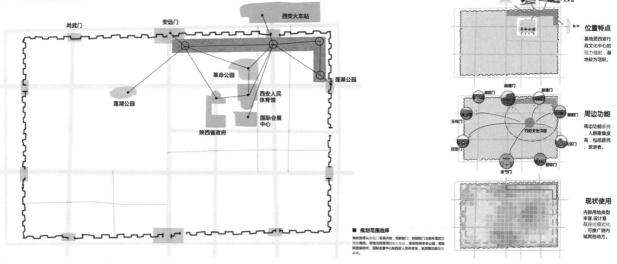

■ 亮点1
连接建筑屋顶，形成"云径"，"云径"的高度和古城墙的高度相当，创造居民娱乐休闲的空中场所。

■ 亮点2
"云径"成为居民服务的具有时代意义的新"城墙"。"云径"之游与古城墙之游形成古今互望的生动照应。

■ 亮点3
改造建筑立面，融入生态技术，形成具有展示、体验作用的新"墙"。

■ 亮点4
设计强调公众参与，新"墙"的自我更替，不断发展。

可持续发展
INDIVIDUAL HEALTH

Biophilia: Connection to Parks and Gardens
Wellbeing: Pedestrian and Bike Friendly Streets
Traditional Medicine Centers
Sense of Place
Aging in Place: Variety of Housing for all Age Groups

可复制性
COMMUNITY HEALTH

Identity: Community Center
Community Garden
Diversity: Local Small Businesses
Farmers/Arts & Crafts Market
Livability: Courtyard Gardens
Plazas and Squares

公众参与
ECONOMIC HEALTH

Equity: Affordable Housing
Prosperity: Big Box Retail
Integrating Transport and Mixed Uses
Locale: Local & Regional Commercial Anchors
Incubator Businesses & Small Retail

时代性发展
ENVIRONMENTAL HEALTH

Green
Neighborhood: Compactness
Less VMT
Transit Oriented Lifestyle
Conservation of Existing Vegetation
Green
Infrastructure: Bio-swales at Rainier St. and MLK St.
Storm and Waste Water Management
District Heating System
Green Building: Passive Energy Design Solutions
Courtyard Gardens
Roof Gardens and Vertical Vegetation

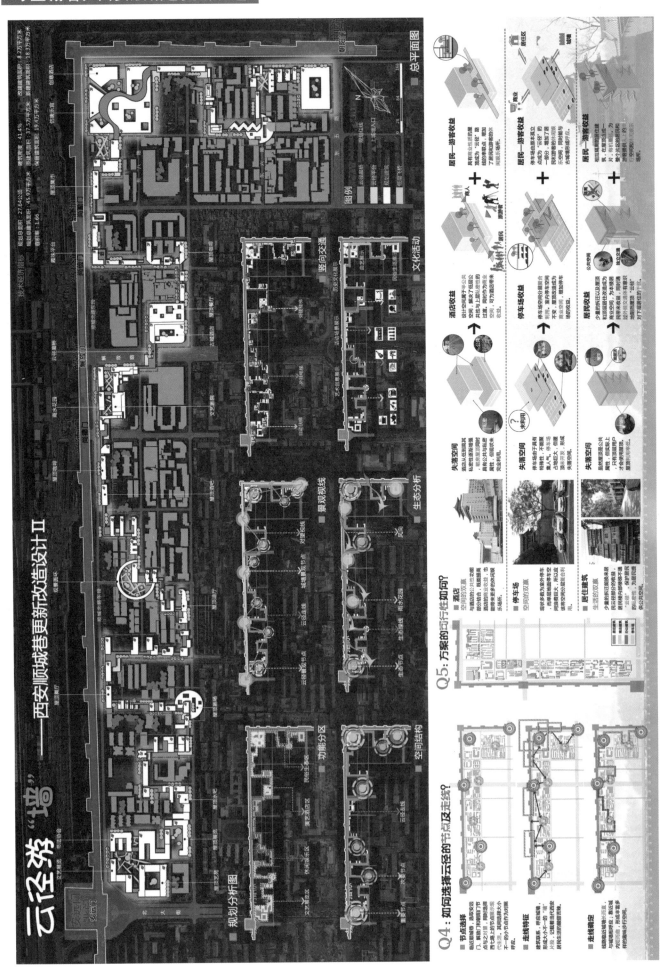

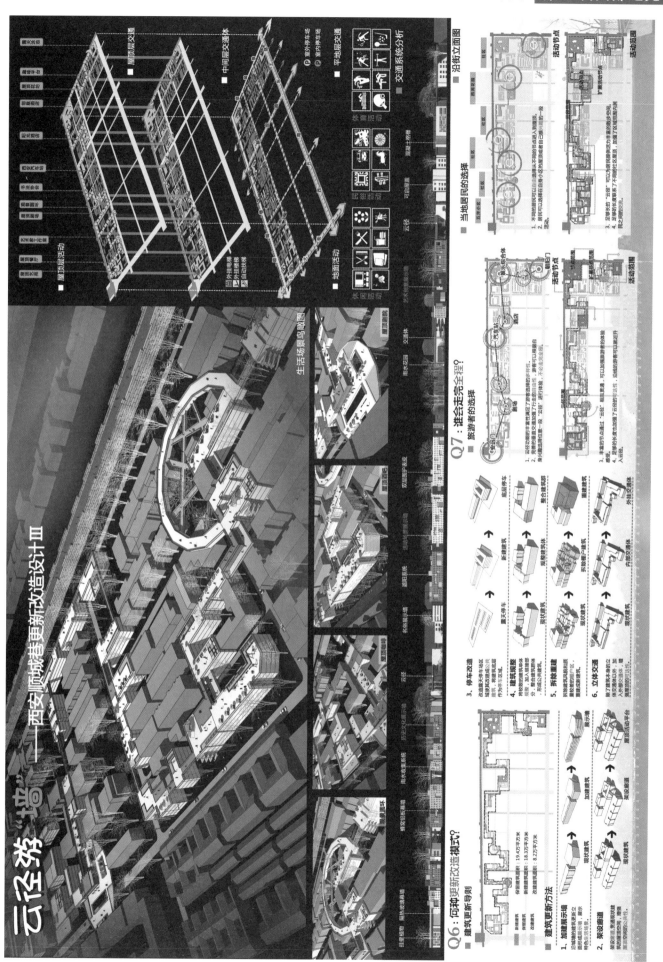

云径栖墙——西安顺城巷城市更新改造设计III

生活场景鸟瞰图

理念创意专项奖

沿街立面图

当地居民的选择

Q6：何种更新改造模式？
建筑更新导则
建筑更新方法

1. 加建展示墙

2. 架设前廊

3. 停车改造

4. 建筑规整

5. 拆除重建

6. 立体交通

Q7：谁能走完全程？
旅游者的选择

城脉 · 触点
——低碳目标下的西安顺城巷更新改造（尚德门——安远门段）

指导教师

尤涛

裴钊

西安的城墙、护城河、环城公园都为公众所熟知，但对于顺城巷，这一环城带中的隐含要素，并未投入过大的关注度。相较其他显性的开放空间带，由于城墙遗产保护申报的需要和城市交通的压力，顺城巷更多被认为是一条交通性道路，或者将城墙遗产与城市隔离开的一个线性空间。同时，顺城巷一度被认为是一种负面空间，或者是城市空间的残余；因为谁也不希望自己家门和窗口面对着一面高达十几米的大墙，这样的一种意识下，也导致了顺城巷改造十几年来，在各方面都缺乏活力，这样的情况直至今天才有所好转。在西安居住过年龄大于 40 岁的人都应该对 1970 年代末的顺城巷空间有所了解，那时的顺城巷扮演着比今日这条通长干净的街道更多的角色，也承载着西安城里人更多的日常生活。将顺城巷这一特殊的空间提出作为一个研究性题目的目的，不仅仅是对旧城更新提供更多的思路，另一方面，也提醒专业人员和学生关注城市中那些看似合理和普通的要素背后的意义和潜力。在进行设计的过程中，希望我们的学生不要将精力全部放在那些过大过空的历史、人文、遗产以及宽泛的城市记忆方面，更加实际的从顺城巷空间的物理空间特点，以及周边市民的构成和需求方面入手，对现有空间和资源进行整合和优化，而不是以新问题掩盖老问题。

参赛学生

解芳芳

雷佳颖

姚文鹏

韩向阳

在拿到这个题目的时候，小组成员通过数次实地踏勘以及访谈，有这样一种非常强烈的感受，我们发现具有历史文化价值的城墙长期威严孤立的存在，记录历史风貌、串联城市景观的重要空间——顺城巷被遗忘在城墙脚下。在当下追求精神享受的时代亟需一块纪念西安人集体记忆的场所，在当下文化消费的时代，亟需要一块去释放城市人对历史的对话与体验的需求。

随着城市发展模式已经由增量转为存量，城市"有机"的更新成为复兴没落老城的主要手段。在西安老城内顺城巷的改造中，我们小组本着有机更新的原则，以低碳为手段，在不破坏原有的空间结构与群体交往的原则下，尝试通过针灸式的局部干预，达到片区整体的最优以激活整个片区，并复兴老城。为市民、原居住民建立一个依托于城墙历史文化并延续老城发展脉络，同时满足当下所需的日常休闲场所。

明朝初，朱元璋攻克徽州后，"高筑墙，广积粮，缓称王"。明隆庆二年（1568年）陕西巡抚张祉主持修复使土城第一次变成砖城。清乾隆四十六年（1781年）陕西巡抚毕源主持对城墙和城楼作了整修。1983年，陕西省和西安市人民政府对这座古城墙进行了大规模修缮，补建已被拆毁的东门、北门箭楼、南门闸楼、吊桥2004年顺城巷经改造后全线贯通。2014年的今天顺城将承担怎样的功能？

顺城巷发展演变

七贤庄原是清代满族居民区。辛亥革命时期这里的群众"恨"屋及乌，把它毁为废墟。后来一些银行资本家买下了这里的地皮，并在此建起了一排连墙式的宅院，共有10院，整齐划一，对外租出。1936年初，中国共产党在七贤庄一号院建立秘密联络处。西安事变后，中共在此设立了合法机构--红军驻西安联络处。

顺城巷重要节点

基地现状主要以20世纪50、60年代居住区为主，随着时间的发展社区的环境质量较差，加建建筑较多，公共空间较少。由于基地靠近火车站，部分建筑置换为家庭旅馆，但整体环境较差。基地内部有20世纪40年代的供销合作社，现申请陕西第四批风貌建筑，以及张志忠先生故居。但历史建筑周边却没有很好的对话，破坏了原有的场所感。

地段现状

1927年2月，为纪念西安围城期间死难的军民，冯玉祥率众公祭，建革命公园，供市民凭吊纪念。
相关历史事件——1926年西安围城八个月"二虎守长安"

革命公园

定位：以民国为主题的城市休闲片区。
第一步：实现现状建筑质量提升
第二步：打造针对不同人群的多种文化活动空间，重塑历史文化，使城墙与现代生活更好的融合
第三步：进一步提升空间品质，地块最终定位为服务于周边地区的，以历史文化为特色的综合服务区

规划定位

守望城墙 Shou Wang

城脉·触点

低碳目标下的西安顺城巷更新改造（尚德门-安远门段）
Low carbon under the goal of Xi'an Shun Cheng Xiang new transformation **NO.01**

区位分析

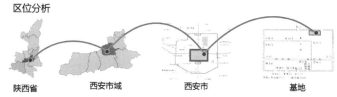

陕西省　西安市域　西安市　基地

基地位于陕西省、西安市、明清城墙内的顺城巷尚德门地段，具有丰富的文化底蕴，与历史印记。

顺城巷愿景

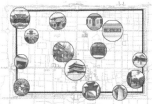

分散景观　孤立城巷

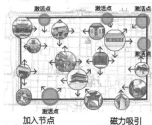

加入节点　磁力吸引

周边环境分析

交通分析

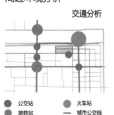

● 公交站　● 火车站
● 地铁站　— 城市公交线

基地周边有火车站重要节点，同时基地周边的公交线路丰富，站点较多，交通区便捷，地段的可达性较高。

重要节点分析

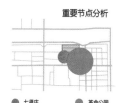

● 七贤庄　● 革命公园

基地周边有革命公园，七贤庄等重要的历史节点，应利用其丰厚的历史背景与其呼应。

居住分析

▨ 近代居住区

基地周边的居住区较多，且大多为单位大院，当下其内部缺乏公共空间，基地应考虑其休闲活动。

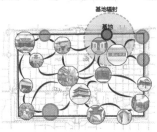

节点成网　城巷激活

概念提出

孤立顺城　分散景观
孤立的顺城巷与基地周边的七贤庄革命公园等景观要素彼此间缺乏联系。

景观引入　顺城融合
将基地外景观资源引入顺城巷，使得城墙成为一个背景平台展示文化。

加入节点　串联成环
在基地内增加景观节点，与外围资源相融合，形成环路，整合资源。

点击复活　多重使用
斑块节点承担多功能，多人群使用，形成隐形的网络。

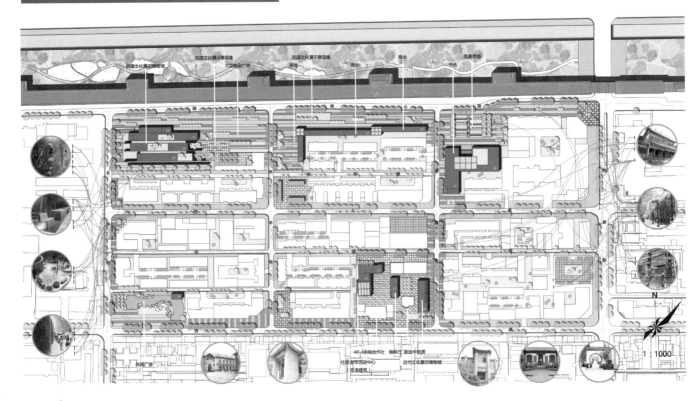

民国文化展示博物馆　民国文化展示景观墙　大型集会广场　茶馆　民国文化展示景观墙　商业　商业　书店　跳蚤市场

休闲广场　40+X供销合作社　咖啡汇涨治中枢房　社区老年活动中心（改造建筑）　近代文化展示博物馆

1：1000

守望城墙　Shou Wang　**城脉·触点** 低碳目标下的西安顺城巷更新改造（尚德门-安远门段）
Low carbon under the goal of Xi'an Shun Cheng Xiang new transformation　NO.02

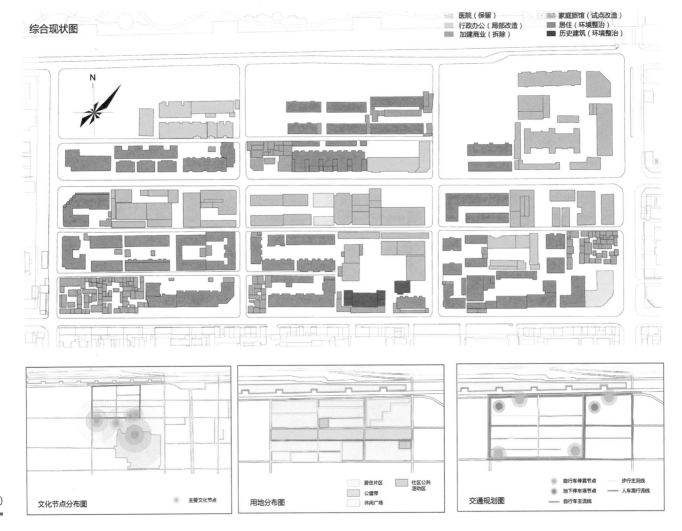

综合现状图

医院（保留）　家庭旅馆（试点改造）
行政办公（局部改造）　居住（环境整治）
加建商业（拆除）　历史建筑（环境整治）

文化节点分布图　　居住片区　社区公共活动区　　用地分布图　公墙带　休闲广场　　交通规划图　自行车停靠节点　步行主流线　地下停车场节点　人车混行流线　主要文化节点　自行车主流线

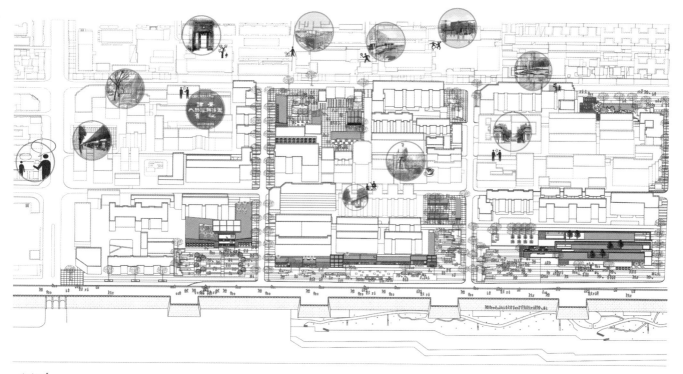

守望城墙 Shou Wang | **城脉·触点** 低碳目标下的西安顺城巷更新改造（尚德门-安远门段）
Low carbon under the goal of　Xi'an Shun Cheng Xiang new transformation　NO.03

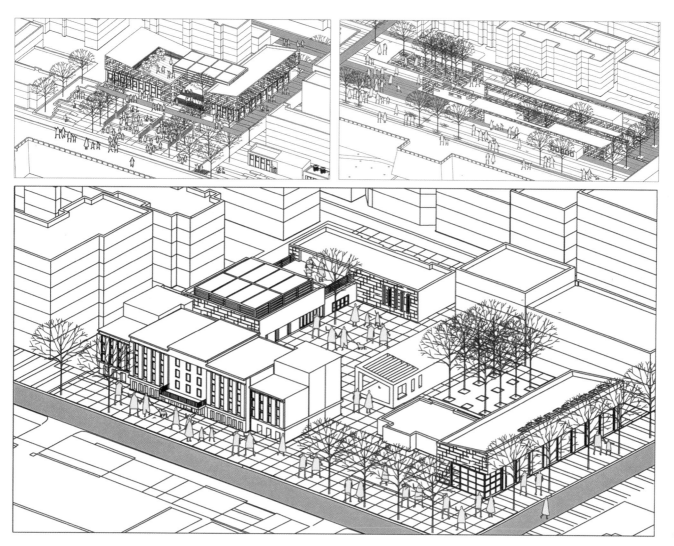

让无力者前行
——基于触媒理论的城市活力和就业再生

指导教师

唐由海

促使城市片区重新获得活力是市场经济下促使城市建设良性发展的有效模式。通过保存、对古城西安的文化遗产城墙的利用，保存、强化、修复、创造城市公共休息空间为喧嚣的现代都市提供了空间和精神的双重庇护。了解西安顺城巷的发展背景基础上保存而不是破坏城市的发展内涵，提升现存有利元素的价值，并且改善和复兴其环境，创造全新生活氛围，对额外商业价值会有所提升。

该项目应保留西安人品茗啜茶、会聚亲朋的幽静去处，增加几分明清古风和几分不温不火的商气，提升市民、游客、沿线商家以及学者专家的满意值，让片区重获活力。

参赛学生

赵攀

钟钰婷

胡怡然

王练

当代城市快速发展，并随着历史沉淀，城市形态日益复杂。西安城墙内也出现日益严重的城市空间差异化，无论是精神空间还是物质空间。

城市公共休闲空间设计的出发点应是以人为本，为人服务的，以人的舒适感为中心，让人使用和享受的。其目的在于让紧张的人们放松，让人融入人造自然小空间环境。所以，城市公共休闲空间设计应考虑人性化的元素，通过研究人的环境心理和行为特征，根据不同性别、年龄、阶层人群的喜好和不同区域等作为首要的设计基本原则，达到人物融合的"天人合一"效果。使城市公共休闲空间成为低碳生态城市的重要支撑。

在西安路顺城巷的复杂条件下，我们深入分析现状条件，希望通过在城墙东北角片区打造特色创业片区，并植入公共空间、公共服务等触媒，形成能辐射整个片区的触媒系统。从而为片区居民提供更多的就业机会，由内而外的改善片区生活质量，提升这个片区的活力。

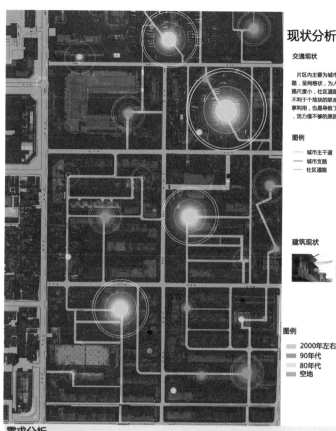

现状分析

交通现状

片区内主要为城市主干道和社区道路，呈网格状，为人车混行系统。道路尺度小，社区道路有很多尽端式，不利于个地块的联系互动和资源的共享利用，也是导致了该片区交通不便，活力值不够的原因之一。

图例
— 城市主干道
— 城市支路
— 社区道路

用地现状

片区用地状况主要为居住用地和空地，利用率低。各地块用地性质单一，难以满足片区居民的精神需求和物质需求，又使，城墙角处大片空地未被有效充分地利用，服务设施用地过于整合，服务半径过大。用地不合理是导致片区边缘化，活力低，难以自身解决内部各项需求的原因之一。

图例
零售商业用地
住宅用地
服务设施用地
空地

建筑现状

图例
2000年左右
90年代
80年代
空地

片区内部建筑多较为老旧，以 20世纪90年代的建筑居多，且90年代多为居住建筑。建筑布局多为南北朝向，棋盘式布局，并有较多附属的小建筑，凌乱无规则的分布在主建筑之间，是建筑之间的空间较为狭隘，也使片区开敞空间开发受到局限，降低了居民的生活环境质量。

就业现状

在古代该片区被称为"倒北"，随着历史的沉淀，城市快速发展，片区边缘化并未减弱，再加之其道路，用地状况不能满足人们的各项需求，片区的就业问题难以通过自身的工业、手工业等进行有效地自我消化，使身处片区的就业选择往往只限于这些较为小众和小宛本的零售商业。因此就业问题也是导致该片区活力值低的原因之一

需求分析

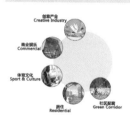

创意产业 Creative Industry
商业娱乐 Commercial
体育文化 Sport & Culture
居住 Residential
社区走廊 Green Corridor

体育中心Gymnasium
便利店Store
图书馆Liberty
邮政银行Post and Bank
广场Plaza
公园Park
博物馆Museum
民记剧场Cultural Thevatre
公共空间服务圈
步行Walking
地铁Subway
公交车Bus
公园自行车Bicycle
交通服务圈

餐饮Food Service
特色酒店Holtel
学校school
办公Office
商场Mall
商业服务区
木制品Wooden Industry
绘画Drawing
陶艺Ceramic
创意产业圈
纺织Textile
工业区
商业区Commercial
运动区Gymnastic
街道Street
社区Residential
绿地服务圈

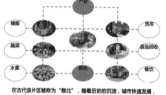

现状呈现

城墙空间

街道空间

建筑风貌

居民生活行为

设计片区主要服务于打工族，上班族和常住居民。为满足各人群的精神物质需求，对片区内人群一天内的生活流线和工作流线进行了模拟。

由于各行各业的工作时间不同，我们模拟了两种上班族的工作流线和一种打工族工作流线。保证了各级触媒在片区内的渗透，并使片区资源能得到更好的共享和利用。石片区可以由内而外的焕发活力，实现再生。

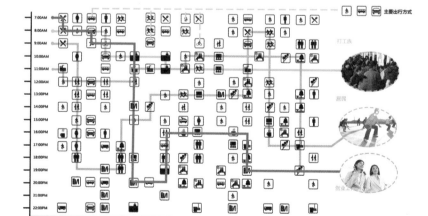

主要出行方式

打工族
居民

设计说明
五分钟交通圈

让无力者前行
基于触媒理论的城市活力和就业再生
City Regeneration For Activity & Employment

1

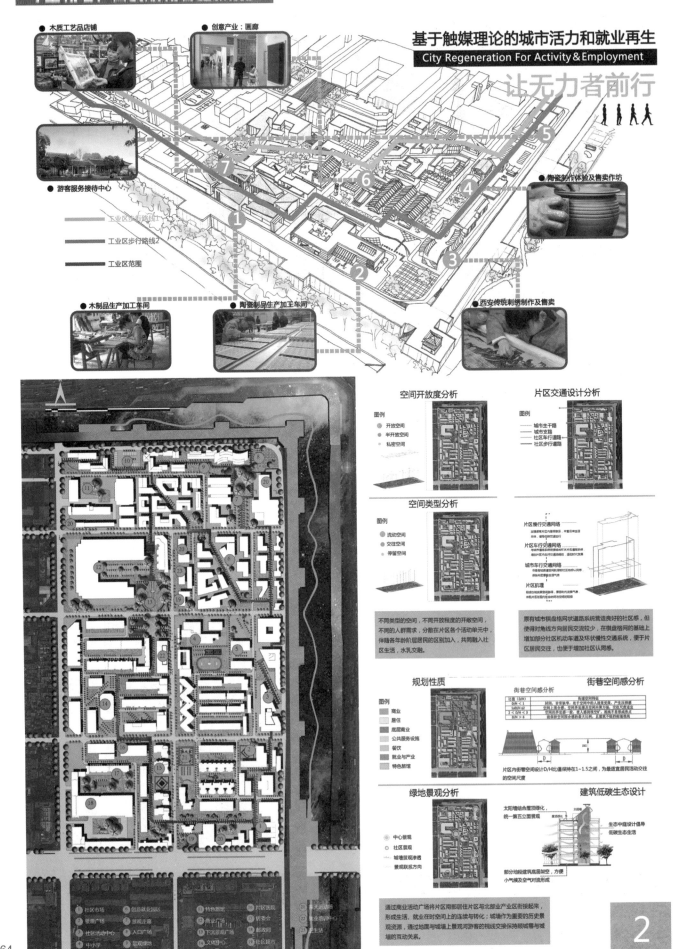

守望城墙：西安顺城巷更新改造

● 木质工艺品店铺

● 创意产业：画廊

基于触媒理论的城市活力和就业再生
City Regeneration For Activity & Employment

让无力者前行

● 游客服务接待中心

工业区步行路线1
工业区步行路线2
工业区范围

● 陶瓷制作体验及售卖作坊

● 木制品生产加工车间

● 陶瓷制品生产加工车间

● 西安传统刺绣制作及售卖

调查分析专项奖

空间开放度分析

图例
● 开放空间
● 半开放空间
● 私密空间

片区交通设计分析

图例
—— 城市主干路
—— 城市支路
—— 社区车行道路
—— 社区步行道路

空间类型分析

图例
● 流动空间
● 交往空间
● 停留空间

不同类型的空间，不同开放程度的开敞空间，不同的人群需求，分散片区各个活动单元中，伴随着各年龄层居民的区别加入，共融融入社区生活，水乳交融。

片区慢行交通网络

片区车行交通网络

城市车行交通网络

片区肌理

原有城市棋盘格网状道路系统营造良好的社区感，但使得对角线方向居民交流较少，在棋盘格网的基础上增加部分社区机动车道及环状慢行交通系统，便于片区居民交往，也便于增加社区认同感。

规划性质

图例
■ 商业
■ 居住
■ 底层商业
■ 公共服务设施
■ 餐饮
■ 就业与产业
■ 特色旅馆

街巷空间感分析

比值 (D/H)	街巷空间特征
D/H < 1	封闭、亲切宜人，基于空间距离的人性化空间，产生压抑感
1≤D/H≤1	空间上最佳，变则舒适能满足空间需求感，交往尺度适宜
2 < D/H < 3	空间的开敞合一性一般，逐步人最舒适体验，视线拉开空间距离
D/H > 3	缺乏围合空间的最佳尺度，封闭感丧失，易理解可开放情感沟通

片区内街巷空间设计D/H比值保持在1~1.5之间，为最适宜居民活动交往的空间尺度

绿地景观分析

● 中心景观
● 社区景观
城墙景观渗透
景观联系方向

建筑低碳生态设计

太阳能结合屋顶绿化，统一第五立面景观

生态中庭设计倡导低碳生态生活

部分地段建筑底层架空，方便小气候及空气对流形成

通过商业活动广场将片区南部居住片区与北部产业区衔接起来，形成生活、就业在时空间上的连续与转化。城墙作为重要的历史景观资源，通过地面与城墙上景观河游客的视线交流保持顺城巷与城墙的互动关系。

2

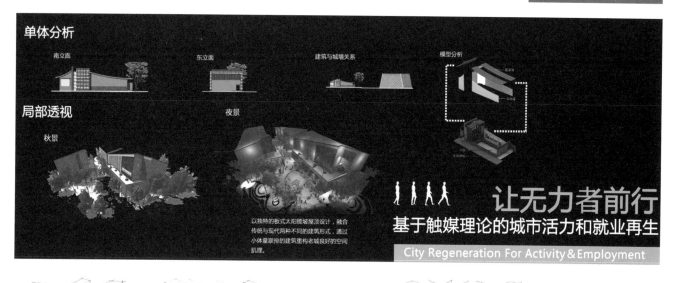

单体分析

南立面　　　　东立面　　　　　　建筑与城墙关系　　　　模型分析

局部透视

秋景　　　　　　　　　　　夜景

以独特的板式太阳能坡屋顶设计，融合传统与现代两种不同的建筑形式，通过小体量联排的建筑重构老城良好的空间肌理。

让无力者前行
基于触媒理论的城市活力和就业再生
City Regeneration For Activity & Employment

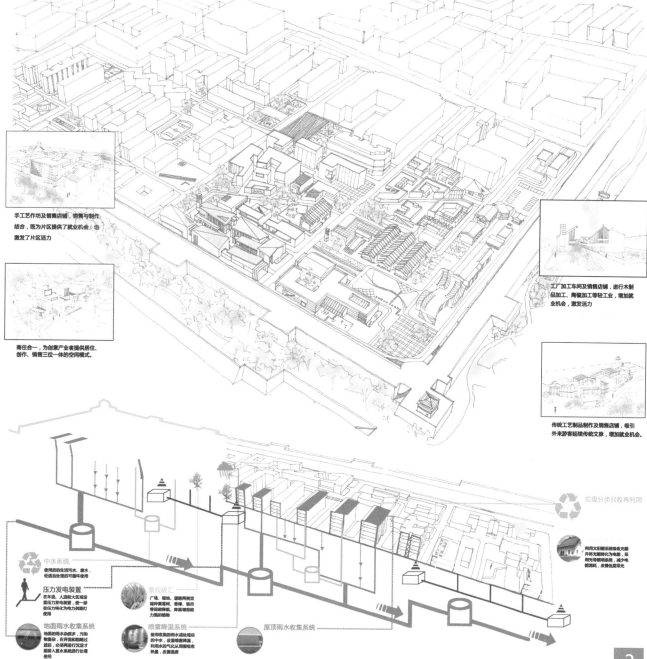

手工艺作坊及销售店铺，销售与制作结合，既为片区提供了就业机会，也激发了片区活力

商住合一，为创意产业者提供居住、创作、销售三位一体的空间模式。

工厂加工车间及销售店铺，进行木制品加工、陶瓷加工等轻工业，增加就业机会，激发活力

传统工艺制品制作及销售店铺，吸引外来游客延续传统文脉，增加就业机会。

垃圾分类回收再利用

利用太阳能系统吸收光能并将光能转化为电能，采用光电照明系统，减少电能消耗，改善低层采光

中水系统
使用清洁的生活污水、废水，经适当处理后可循环使用

压力发电装置
在车流、人流较大区域设置压力发电装置，使一部份压力转化为电力供路灯使用

地面雨水收集系统
地面的雨水来源多，污染物复杂，在弃流和粗略过滤后，必须再进行沉淀才能排入蓄水系统进行处理后使用

景观碳汇
广场、绿地、道路两侧宜端种黄葛树、香樟、银杏等固碳释氧、滞尘增湿能力强的植物

喷雾降温系统
使用收集的雨水或地层的中水，设置喷雾降温，利用水的气化从周围吸收热量，改善温度

屋顶雨水收集系统

西安顺城巷脉络更新改造与节点再生

指导教师

高婉斐

席鸿

城市街巷是城市的重要组成部分，它构成了城市的骨架，同时也是城市交通的动脉和市民生活的重要场所。旧街巷，一个城市的记忆载体，随着时代的洪流和城市建设日新月异的发展，老城区逐渐成为城市中"老"、"旧"的代名词。顺城巷，被时间遗忘的角落，成为被诟病的对象，曾经的传统街巷空间所展示的历史文化价值和地域风貌特色亟待被挖掘。

街巷更新是城市发展到一定阶段的必然结果，是恢复城区旧有生机与活力、并促进城市经济快速发展的有效途径。顺城巷地处城市中心，存在大量的老街巷，旧建筑，同时与城墙一脉相承，本着低碳环保的原则，基于城市脉络和文化脉络的分析，在设计中对局部功能性质进行重新定位和景观节点的改造，使其延续街巷的文脉，提升空间的体验性，唤起老城记忆，在城市建设中焕发活力，进而改善城市生活环境和景观质量。

参赛学生

高瑞

钱坤

常郅昊

任凡乐

肖燃

此次设计本着以人为本的原则，在设计中以人为出发点，以人的基本尺度与感觉为切入点，以脉络更新与节点再生为两大设计点。

设计以"脉"为主题，分为四个层面，分别为：城脉、文脉、脉络、脉搏。

城脉：从城市的历史入手，充分挖掘城市的历史，挖掘设计中主体的历史使命以及历史传承，并在后续设计中加以体现，是一个从古到今，宏观层面的历史关系。

文脉：西安作为十三朝古都，一砖一瓦都浸透着诗意，作为背倚城墙、生活气息浓厚的顺城巷，在幽幽历史岁月中更是不遑多让。如何让这种诗意古韵与现代生活完美结合，也是本次设计的内在考虑。

脉络：在设计思考中，我们将顺城巷的肌理与中医学中的针灸、脉络相结合，试图跳出规划设计局限性的思维来考虑问题，将她看做一位急需诊治的老者，耐心地为她打通每一条堵塞的脉络，梳理每一处杂乱的躯体。

脉搏：每一个有活力的街区都是一个有律动、有节奏的空间，本次设计针对老旧城区缺少公共活动空间、各类基础设施急需更迭的特点，着力打造不同类型的活力空间，让每一个积极点，带动整个街区，让顺城巷这位老者，重新拥有强有力的脉搏，焕发自己的风采。

西安顺城巷脉络更新改造与节点再生

城脉：——城市古今传承
文脉：——城市记忆延续
脉络：——城市活力延伸
脉搏：——城市呼吸律动

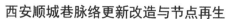

西安印象

区位分析 DISTRICT ANALYSIS

脉系之于中国

关中经济区地处亚欧大陆桥中心，处于承东启西、联接南北的战略要地。西安位于关中经济区的中心，是关经济区内最大、最发达的中心城市。

西安之于陕西

西安是陕西省省会，西北地区第一大城市，历史悠久，与雅典、开罗、罗马并称为世界四大文明古都，是中华民族重要发祥地，丝绸之路的起点。

城墙之于西安

西安城墙位于西安市中心区，城墙是明洪武七年到十一年在隋皇城的基础上建成的，已有600多年的历史，是中国最完整的一座古代城垣建筑。

顺城巷之于城墙

顺城巷是在城墙内侧的道路，是西安内城的骨架，城墙下的顺城巷在古代战时期发挥着重要的物流通道作用。

基地之于城墙

设计基地位于城墙北侧，西起尚武门，东至高阳里巷口，南至约200米，基地占地10公顷。基地现状以内居住用地为主。

城境内传统空间演变 TRADITIONAL SPATIAL EVOLUTION

唐 时闾内"里坊制"　宋 结状开发的"坊巷制"　顺城 闾巷空间的丰富变化　民国 城内满城城居　东北向地区再生　当代 城门博多

CONTEXT CONTINUATION
CONTINUATION OF THE DOWNWARD
EXTENDS UPWARD

城市的街巷是形成城市形态的主要架构，也是城市交通的动脉。同时也是市民生活的重要场所。不仅影响着城市的整体风貌，也直接反映着一个城市的印象。旧街巷，作为一个城市记忆的承载，见证着一座城市的风雨变迁。但时代的洪流将这这片记忆一步步推向了身后……如何挽留逝去的记忆，如何在新时代新理念下守望城墙？

随着西安的逐步发展，顺城巷像是被时间遗忘了角落，逐渐发展成了西安"脏、乱、差"的代名词，严重阻碍了西安城市形象的提升，成为了被诟病的对象，以对顺城巷的改造成为了一个急切的期望。

规划地块处于中心城区，有着大量的老街巷、旧建筑。因其与城墙一脉相承，又导致其不同于一般的旧城改造，本着看秘城环保的原则，基于顺城脉络以及文化脉络的分析，在设计对局部功能性质进行重新定位与景观节点的改造，使之延续旧街巷的文脉、提升空间内的体验性，在提升城市生活化建设中续及活力，进而改善城市生活环境和景观质量，突出城市特色。

节点与交通联系 NODE AND TRANSPORT LINKS

重要节点空间 AN IMPORTANT NODE IN SPACE
缺乏节点空间，也是居民将公共空间私有化的原因。

社区服务点分布 DISTRIBUTION SERVICE POINT
缺乏节点空间，也是居民将公共空间私有化的原因。

绿地吸引点 GREEN ATTRACTION
地块内绿化程度，缺乏大面积绿地吸引点。

步行交通网络 PEDESTRIAN TRAFFIC NETWORK
步行交通网络不完善，具有深度挖掘的价值。

车行交通网络 DEALERS TRANSPORT NETWORK
人车分流差别

公共交通网络 PUBLIC TRANSPORT NETWORK
东西向的交通系统较完整。缺乏南北向的公交联系。

建筑层高 STOREY BUILDING
传统街巷多为低层住宅，7层住宅存在少量。

现状肌理 TEXTURE
传统街巷肌理，是传统文化积淀下来的分支

1-3层

药王洞公交站　高阳里公交站　顺城巷公共厕所

基地内入口处　药王洞　跳蚤市集

明城北路　西北三路　两后顺城巷

场地与城墙以及周边街巷空间关系

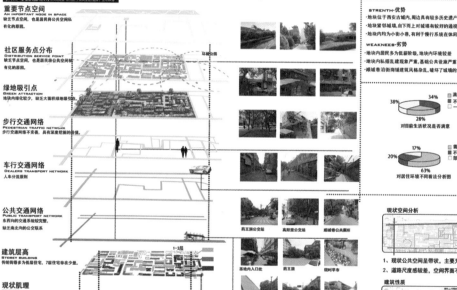

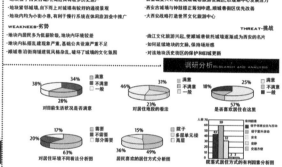

SWOT分析

STRENTH-优势
- 地块位于西安古城内，周边具有较多历史遗产
- 地块紧邻城墙，自下而上对城墙有较好的通视景观
- 地块内均为小街小巷，有利于将行系统在休闲旅游业中推广

WEAKNEES-劣势
- 地块内居住多为低薪阶级，地块内环境较差
- 地块内私搭乱建现象严重，基础公共设施严重不足
- 顺城巷沿街商铺建筑风格杂乱，破坏了城市的文化氛围

OPPTUNITY-机遇
- 皇城复兴计划发展顺城巷旅游发展区，以缓解中心发展压力
- 西安古城墙与钟鼓楼正筹划申遗，顺城巷街区优先改善
- 大西安战略打造世界文化旅游中心

THREAT-挑战
- 曲江文化旅游兴起，使顺城巷依托城墙逐渐成为西安的名片
- 如何延续地块的文脉、保障场所感
- 对该地块历史街区的保护和旧城更新

调研分析 RESEARCH AND ANALYSIS

38% 34% 28%　满意／不满意／一般　对目前生活状况是否满意
31% 46% 23%　满意／不满意／一般　对居住地段的看法
18% 25% 57%　满意／不满意／一般　是否喜欢居住在这里

20% 17% 63%　需要／不需要／部分需要　对居住环境不同看法分析图
15% 36% 49%　院子／多层单元楼／高层　居民喜欢的居住方式分析图

底层居住方式中的有利因素分析图

空间活动分析 ANALYSIS OF SPACE ACTIVITIES

现状空间分析　潜在公共空间　活动密度分析

1、现状公共空间呈带状，主要为街道，缺乏广场，廊架等会会空间吸引元。
2、道路尺度感较差，空间界面不连续，消极空间较多。

建筑性质　社区活力点　底层商业店铺联系系统

1、现状商业多为底层商业，北面面向顺城巷一侧多为汽修或汽车美客

老街巷·新生活

西安顺城巷脉络更新改造与节点再生

城脉——城市古今传承
文脉——城市记忆延续
脉络——城市活力延伸
脉搏——城市呼吸律动

核心节点形成 NODES FORM

空间布置——形成整体辐射区域 　　　　原有肌理的利用——空间自然形成

节点与城墙的充分互动 　　　　节点间通达性较好

城巷整体改造策略 TACTION

针对地块脉络现状提出"脉络节点衍生"改造策略，激活城巷脉络活力和人流吸引力。在整体原有建筑肌理布局上进行适当改造和完善，同时引入生态和低碳元素最终实现整体空间系统的有机更新。

"根"与"根脉"相辅相成，而巷恰似城墙的根系跟城墙相辅相生，设计旨在对城巷脉络的梳理和打通，使"巷"与"城"和谐共生。而节点空间的营造和生成对新生的城巷脉络布局也起到了了重要的指导作用。城脉、文脉、脉络、脉搏四个层次的的逐渐发展产生也是城巷活力再生的体现

EXPERIENCE 人的行为体验分析

城墙建筑高度与人的视角关系 　　　　城墙建筑与视角的关系

站在城墙俯视建筑有种种高临下感觉。　D/h接近于1.构成空间与距离形成协调。　仰视城墙，城墙高大，内心充满敬畏。

"脉络"道路理念 IDEA

"丁"字路口　　脉络元素

SPACE NODE 空间节点形成

过程一：确定节点现状　　过程二：改造形成节点阴角空间　　过程三：人与城墙互动产生

节点空间的改造

1. 阴角空间——通过对道路巷道的结构改造，增强行人入巷的吸引力，同时使人在置身于节点空间时与城墙形成良好的互动关系

2. 丁字路口的尽端布置景观小品，在优化环境的同时也暗合风水中"冲煞"的民俗讲究

联系的产生

新型街巷空间形成 FORMATION

原有建筑肌理　　原有街巷提取　　点、线、面元素加入　　新"脉墙"空间形成

"丁"字路形成

过程一　　过程二　　过程三

通过"丁"字路口的形成，避免人在街巷行走过于单调，同时引入了活泼元素活泼元素，将城巷的脉络进行扩展和延伸。

空间活力点形成 VITALITY POINTS

新生脉络引入　　节点空间引入　　活力点形成

道路节点绿化形成

通过巷内和节点空间内，从而增加绿化面积和景观的观赏性，提升居民和游客的舒适感和停留性，同时借助绿化景观拉近人与城墙的互动。

过程一：巷内改造绿化形成　　过程二：节点空间绿化形成　　过程三：共同作用城墙绿化形成

现形交通空间形成 TRAFFIC

原有道路交通　　新型道路系统形成　　互动联系产生

脉络改造效果表现 PERFORMANCE

过程一：主步行大道脉络改造，车行改造为步行街，同时植入绿化和景观小品，增加道路的趣味性和人的体验感

过程二：城墙角步行道改造增加休憩小品，增加人的停留性

过程三：巷内道路网空间体验

过程四：空间节点体验，与城墙的交流互动

主要步行干道
改造用地界线
城墙轮廓线

调查分析专项奖

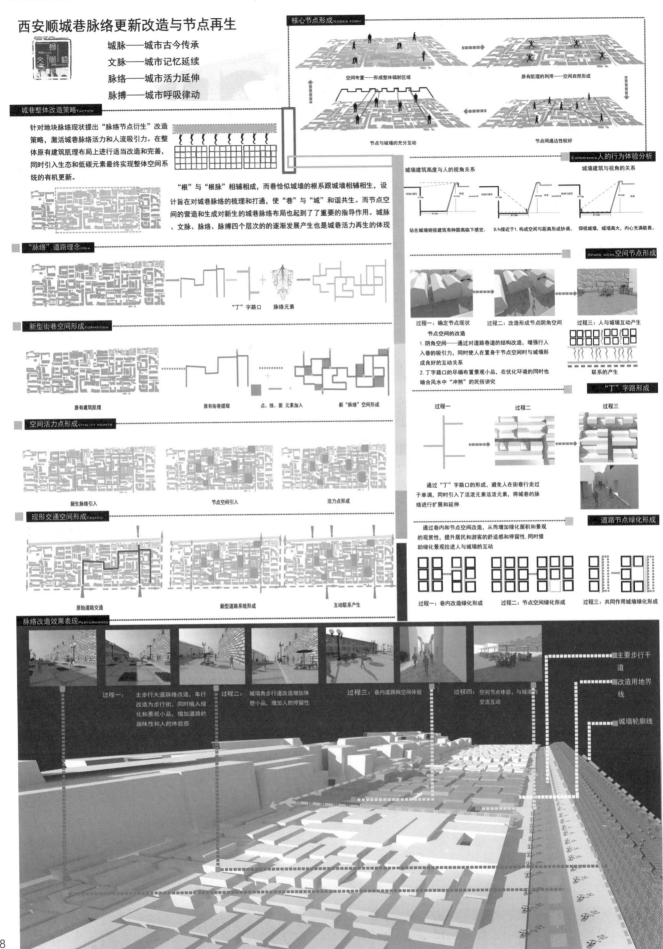

西安顺城巷脉络更新改造与节点再生

城脉：——城市古今传承
文脉：——城市记忆延续
脉络：——城市活力延伸
脉搏：——城市呼吸律动

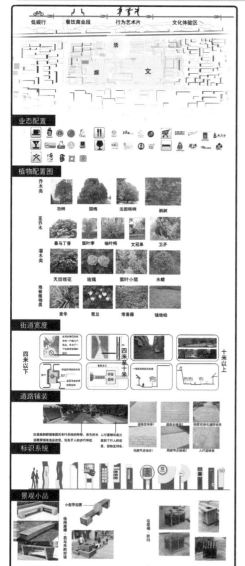

业态配置

植物配置图

乔木类
泡桐　国槐　法国梧桐　枫树

亚乔木
暴马丁香　紫叶李　榆叶梅　文冠果　卫矛

灌木类
天目琼花　玫瑰　紫叶小檗　水蜡

地被植物类
黄菖　鸢尾　常春藤　铺地柏

街道宽度

四米以下　四米至十米　十米以上

道路铺装

标识系统

景观小品

入口节点

现状道路中巷口以及沿街两侧占道经营现象较为严重，在改造中将选希尔特售商业集中，有利于城市形象的提升

文化休闲会所

此处住宅建筑质量较差，在改造中将其整体拆除用作商业，作为西文化休闲场所

奇石主题店：

此处为一处年久失修的破旧房屋，结合遗址附近的奇石古玩市场，作为一个主题展览馆共游人游览

住宅节点：

基地此处建筑质量一般但围墙较多，影响了游客的实现通透性，在此处的改造中着重增加人文关怀，打造文化高端产业。

转弯节点：

现状中此处的转弯设计没有新意，在改造中着重提高有谋的视线通透性，拓宽路口，并引入西方建筑风格，使得此处独树一帜

唐文化体验馆：

该地段处于高阳里巷口，靠近城墙，结合现状以及历史文化，为了提高游客的参与性，规划一座唐文化体验馆。

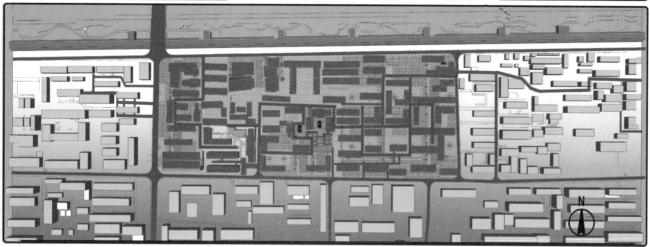

N

乐影·城见
——西安顺城巷更新改造（朝阳门——中山门段）

指导教师

李昊

尤涛

王瑾

今天的顺城巷不再是曾经古代的兵马古道，而应是串联城内新生活的纽带。他不仅提供了一种珍贵的城市记忆，而且提供了人们休闲娱乐的好场所。面对如今高强度开发的城墙内城，所面临的困境不再是简单的更新改造，而是如何去协调新的城市生活与老去的环境融合过程中产生的矛盾。因此，我们需要一个新的生长模式。以传统的皮影、长安古乐和现代生活的影子构成"乐影"，以传统的城墙、顺城巷及城市现代休闲生活构成"城"，由古城墙内的各色生活见闻构成"见"，即提取基地中的人群活动和物质空间特质形成该作品的出发点——乐影·城见，以传承文化并促进现代休闲活动在传统空间的展开。

对于以老旧社区为主要空间的基地，通过营造公共空间、提倡内外互动、鼓励体验参与等改造方式发展活力、悠闲与开放的新古城片区。此外，注重提倡最小影响下的改造方式，充分利用周边环境的各种资源，通过空间设置的巧妙性，达到低碳改造的目的。

文化，在不同时代有不同释义，除了保留传统优秀文化外，还应体现出现代社会的文化诉求，新旧融合才是真正的文化传承，这也是对传统与现代如何共存这一问题的一点思考。

参赛学生

石思炜

张碧文

蓝素雯

马克迪

田锦园

对于顺城巷朝阳门到中山门地段而言，从生活在其中的人及其空间特质出发，了解人们的必要性活动、自发性活动及社会活动，梳理对应主体人群、活动时间与活动场所，发掘社会、人文以及文化方面折射在空间层面上的问题，进而找准定位，确定其发展模式。朝阳门到中山门段，是整个顺城巷体系中的一环，对待其未来的发展，我们认为不能孤立地看待地段本身的问题，找准定位尤为关键。因而先分析各段顺城巷如今的功能、其所扮演的角色、可能性，有助于我们找出其将来的可能性和发展趋势。通过对城内系统的解读，可发现城内交通便捷，商业量大，但公园绿地量不足。基地北面有地铁线，南近有古玩城，西临解放路商圈；交通便利，历史人文底蕴浓厚，并有很强的产业联动作用。应考虑提供城市级活动空间，满足现代生活需求。从顺城巷整体的解读来看，综合顺城巷各片区功能比较，考虑当代人生活需求不断提高，对休闲文化的重视，再满足人群消费水平下，尝试营造一种城市级、多元、体验游憩休闲区。因此，我们将主要服务人群定位为游客以及以青年为主的市民，目的是将基地打造成供市民和游客休闲、娱乐的活力好去处。在规划策略方面，我们采取边界转换，肌理抬取，道路织布，空间链接，空间塑造这五种策略；在活动营造方面，我们策划了四个篇章，分别是舞乐篇、漫乐篇、众乐篇、乐秀篇，同时策划不同时节的活动，试图增强此地区的文化氛围；在实施策略方面，政府作为主导，吸引民间资本参与，鼓励当地居民参与，实施共同开发。

乐影·城见
低碳目标下的西安顺城巷更新改造（朝阳门至中山门段）URBAN PLANNING

01

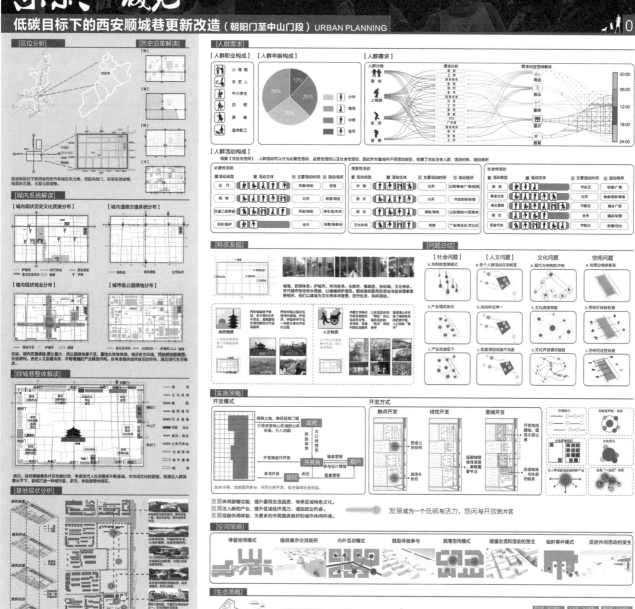

[区位分析]　[历史沿革解读]

[城内系统解读]
城内现状历史文化资源分布　城内道路交通系统分布

[城内现状商业分布]　[城市级公园绿地分布]

[顺城巷整体解读]

[基地现状分析]

[人群需求]
【人群职业构成】　【人群年龄构成】　【人群需求】

【人群活动构成】

必要性活动　自发性活动　社会性活动

[特质发掘]　[问题总结]
【社会问题】　【人文问题】　文化问题　空间问题

[实施策略]
开发模式　开发方式
触点开发　线性开发　面域开发

发展休闲游憩功能，提升居民生活品质，传承区域特色文化。
发展注入新的产业，提升区域经济活力，增加就业机会。
发展低碳体验，为更多的市民提供良好的城市休闲环境。
发展成为一个低碳与活力，悠闲与开放的片区

[空间策略]
停留空间模式　提供展示交流场所　内外互动模式　鼓励体验参与　脱离空间模式　增强交流和活动的发生　临时事件模式　促进休闲活动的发生

[生态策略]

乐·影·城见

低碳目标下的西安顺城巷更新改造（朝阳门至中山门段）URBAN PLANNING

[人群分析]

[建筑空间策略]

关中民居院落基本单元

[概念引入]

引入RBD模式，RBD是Recreational Business District的英文缩写，直接翻译为"游憩商业区"。在城市中规模在一个街区或若干街区范围内，依托相邻城市文化旅游资源或文化旅游区互动发展的，服务于本地人和外地人以游憩、旅游与商业服务为集购物、饮食、娱乐、文化、交往，等功能集聚的特定区域，是城市游憩与旅游系统的重要组成部分。也是城市RBD的一种类型功能主次置换。

[方案生成分析]

[规划分析]

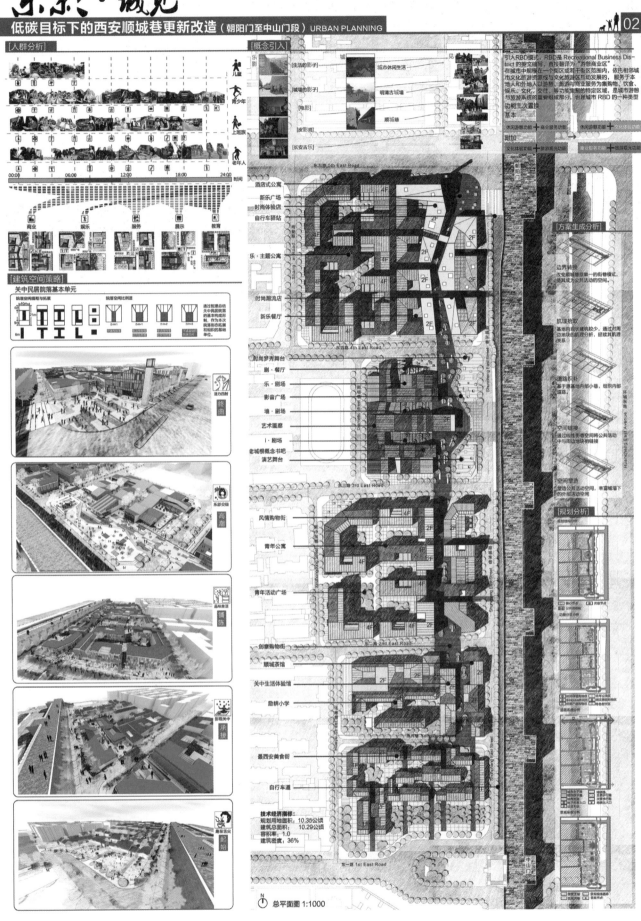

技术经济指标：
规划用地面积：10.35公顷
建筑总面积：10.29公顷
容积率：1.0
建筑密度：36%

N
总平面图 1:1000

调查分析专项奖

鸟瞰图

乐影·城见

低碳目标下的西安顺城巷更新改造（朝阳门至中山门段）URBAN PLANNING

03

[剖透视图]

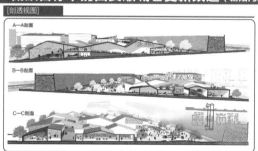

[城之乐章]

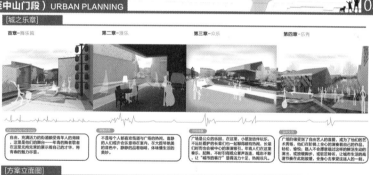

首章-舞乐篇　　第二章-游乐　　第三章-众乐　　第四章-乐秀

[活动策划]

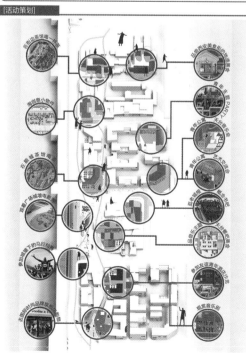

[方案立面图]

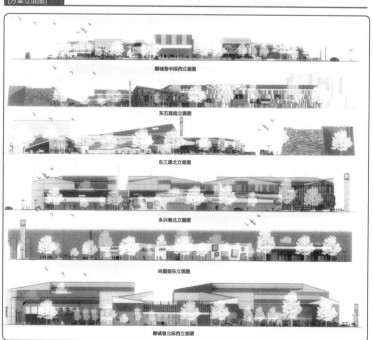

顺城巷中段西立面图

东五路南立面图

东三路北立面图

永兴巷北立面图

尚爱路东立面图

顺城巷北段西立面图

活·盘活·生活

指导教师

李莉萍

明月

熊兴军

江艳云

西安作为十三朝古都，历史文化底蕴深厚，在中国城市建设史上具有举足轻重的地位。城墙则是历代都城建设中不可或缺的重要防御设施，但如今在时代浪潮的卷席下，古老沧桑的老城墙被高楼林立的城市挤压到了角落当中，孤独守望西安的昨天、今天和明天。

基于城墙地位被边缘化的现状，通过契合竞赛"守望城墙"主题，结合城墙功能缺失的问题，确立"活·盘活·生活"设计的主题和理念。首先是"活"："活"是针对城墙在功能方面的缺失而言，要把已经"生机不再"的城墙通过规划设计去让其重新生机再现。第二个立意："盘活"，通过对城墙历史文脉和现状问题的研究与发现，结合现代人的生活思维模式和行为特征，在城墙周边嵌入以历史为主题的商业业态，让城墙周边地带汇集人气、扩展交往；这里不是单纯、简单的交通过渡区域，应让城墙周边从"西安的过厅"转变成为"西安的客厅"。最后得到"生活"的概念：人所需要的生活是精神与物质两个层面的，城墙悠久的文脉承载着人们对于精神生活的诉求，而增加的现代业态与功能则体现物质生活多样与充实。

不论是"活"、"盘活"还是"生活"，根本目的都是在"活化"世界遗产，让其不要成为"遗产保护"或者"城市更新"过程中的牺牲品。

参赛学生

王婉彬

马品申

史千里

邢昕

城墙是古都西安的一张城市名片，但在城市发展演化的过程中，城墙在建筑风貌，建筑环境等方面出现不同程度的损坏和失衡；在城市中的角色形象逐渐淡化，城墙周边区域活力丧失……

面对城墙的诸多现状问题，我们首先对项目地块条件进行了解读，首先向自己发难：我们将要在一个什么样的背景下做规划？规划的出现将对周边的环境产生什么影响？怎么样表现我们的规划意图？讨论是解决问题的有效途径，在讨论过程中，组员各自都提出了不同的见解和答案，在此过程中设计目的越来越清晰，我们的想法也归于统一。我们认为城市的魅力不仅仅体现在物质环境的提升，而是随着人们生活方式的变迁和推移所形成的各种可视和非可视要素集合的整体体现。我们希望在城市生长的过程中，建筑形式、公共空间和文化记忆能够长久保存下来，而不是一味地推翻重建，我们希望能重塑城墙新的可能性。

本次设计，我们在保护原有的生活形态和建筑空间上进行改造升级，我们通过调查研究，发现现有空间活力点。对现有的活力点进行合理的规划，通过慢行交通系统将各节点串接起来，给予丧失活力的空间以新的生命，并营造潜在的活力点，使居民和游客能在北巷得到似曾相识却又耐人寻味的空间体验。

LIVE.LIVING.LIFE

活. 盘活. 生活
——西安顺城北巷活力空间设计

区位分析　location analysis

陕西省在全国的位置　西安市在陕西省的位置　西安市城市中心在西安市的位置　明城墙在西安的位置

B地块在明城墙的位置

现状分析　status analysis

现状建筑功能分析图

图例
- 行政办公建筑
- 商业建筑
- 医疗建筑
- 科研建筑
- 文教建筑
- 居住建筑
- 旅馆建筑

1. 地块内用地性质以居住为主，兼以行政办公、科研教育，以及沿街商业，分布不均，功能不丰富。

2. 现状地块内活力点少，零星分布，没能为居民提供有效的公共开放空间。

现状建筑层数分析图

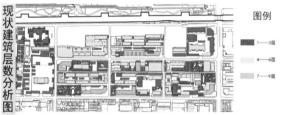

图例
- 1—3层
- 4—6层
- 7—9层

1. 现状地块内的建筑老旧居民楼质量较差，生活环境差，服务设施匮乏，缺少发展活力的院落及开敞空间。

2. 现状地块内建筑质量参差不齐。

3. 现状棚户建筑质量极差，存在安全隐患。

现状建筑质量分析图

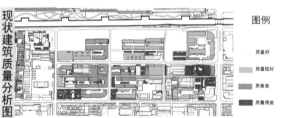

图例
- 质量好
- 质量较好
- 质量差
- 质量很差

1. 现状建筑层高有违反城墙百米限高的建筑，影响视线。

2. 现状建筑层高无序，天际线混乱。

现状交通分析图

图例
- 次干路
- 支路
- 机动车单行线
- 公交单行线
- 地下停车空间
- 地面停车空间
- 违章停车

地下停车空间 6000平米　地上停车 2700平米

1. 人行道被侵占，缺少公共设施。

2. 步行空间尺度差，界面差，利用不足。

3. 步行网络不完整，联系功能差。

4. 机动车乱停车影响正常步行网络。

现状绿地景观系统图

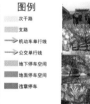

图例
- 护城河
- 环城绿带
- 绿地景观
- 行道树
- 革命公园
- 杨桐树（树龄30年）

革命公园

1. 现状绿化率高，但是缺乏系统性，因此导致绿化使用率低。

2. 现状缺乏公共绿色空间，没有足够的吸引力。

现状图底关系

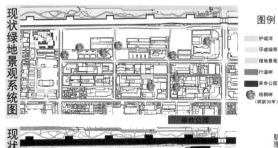

肌理较好的建筑

肌理较差的建筑

建筑肌理较好，沿用了古城西安的建筑肌理，形成院落空间。

建筑肌理较差，空间围合感较差，私自搭建现象严重。

现状图底关系

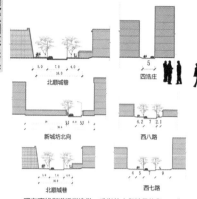

北顺城巷　　　四浩庄

新城坊北向　　西八路

北顺城巷　　西七路

现有直线街道视觉涣散，难以使人们驻足停留，且街道空间单调乏味，过于封闭，对人的活动有排斥作用，不利于吸引人们注意力。

SWOT分析

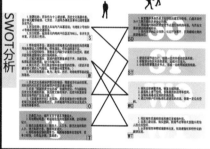

宏观构思分析　conceotion analyze

历史沿革

西周时期　秦时期　汉代　唐朝时期　明朝时期　清朝时期　中华民国

西安作为十三朝古都，有着丰富的历史文脉，对较能体现西安特色的唐、宋、清朝和民国进行研究，提取其历史文脉。

各历史时期重要发展节点

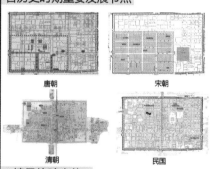

唐朝　　　宋朝

清朝　　　民国

情景体验定位

明清　　民国

宋

唐　　　近代

根据不同朝代在明城墙内的重要发展节点，依照时间顺序，沿顺城巷形成一条时间轴。本次规划设计地块位于民国重要发展节点上，定位民国时期，依据时期特点，回归历史，营造民国生活体验情景。

LIVE.LIVING.LIFE 活.盘活.生活

——西安顺城北巷活力空间设计

西安旅游线路

明城墙内旅游线路

通过串联明城墙内部旅游景点，形成旅游游线。本次设计规划地块处于文昌门到尚德门旅游轴线上，由此推断，可将丰富地块内部空间作为旅游空间，供游客游览。

"过厅"到"客厅"

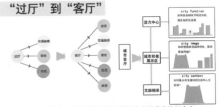

紧挨西安火车站的北顺城巷现状缺少吸引游客的魅力点。只是作为换乘的一个枢纽，只属于"城市过厅"。要想做到吸引游客，使人群停留，就要提升本区段的特色和魅力点，丰富其功能，使之成为"城市客厅"。

微观构思分析 目标人群及其需求分析

规划用地现状人口

建筑拆改原因分析

规划控制人口分析

活力点功能分析

活力点活力程度分析

方案推导

规划轴线的生成　　活力空间的串接　　不同功能的组织

方案生成

总平面图

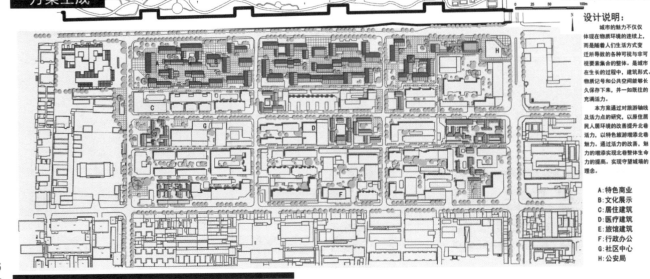

设计说明：

城市的魅力不仅仅体现在物质环境的连续上，而是随着人们生活方式变迁所导致的各种可视与非可视要素集合的整体。是城市在生长的过程中，建筑形式，物质记号和公共空间能够长久保存下来，并一如既往的充满活力。

本方案通过对旅游轴线及活力点的研究，以原住居民人居环境的改善提升巷活力，以特色旅游渗北巷魅力。通过活力的改善，魅力的增添实现北巷整体生命力的提高。实现守望城墙的理念。

A：特色商业
B：文化展示
C：居住建筑
D：医疗建筑
E：旅馆建筑
F：行政办公
G：社区中心
H：公安局

LIVE.LIVING.LIFE

活. 盘活. 生活
—— 西安顺城北巷活力空间设计

旅游活力点分析

设计分析图

目标人群：游客
行为模式：旅游购物

目标人群：游客
行为模式：观赏游览

目标人群：游客
行为模式：旅游购物

目标人群：游客
行为模式：旅游

七贤府　戏台　商业街　明城墙

目标人群：学生和教员
行为模式：接送孩子集散地

小广场

目标人群：游客
行为模式：游客住宿

七贤庄

目标人群：游客
行为模式：住宿

青年旅社

民国体验风情游客中心
民国博物馆

民国电影院（室内外）

皮影戏戏台

茶楼

杂耍、戏台

公安局
民俗博物馆
民国民俗体验区
民国小吃街
民国商铺
说书台

历史文化墙

步行街趣味空间

市井生活活力点分析

一般建筑：
凝聚人们活动有开放的院落空间

三边围合住宅：
缺乏邻里互动没有开放空间

活力人群：中老年人
行为模式：读书，看报，书法

活力人群：中老年人
行为模式：追忆过去，寻找记忆

活力人群：旅客，居民
行为模式：寻找记忆中熟悉的物品与习惯

古味书屋　老电影放映区　民俗博物馆

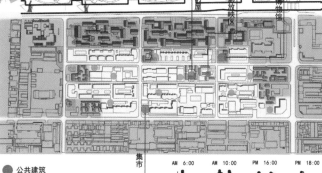

集市

活力人群：附近居民
行为模式：采购食材

● 公共建筑
● 公共开发空间

AM 6:00　　AM 10:00　　PM 16:00　　PM 18:00　　PM 20:00

锻炼　　散步　　下棋　　嬉戏　　跳舞

慢行交通系统分析

旅游体验交通　　主要机动交通
非机动交通　　次要机动交通

公交车　自行车　旅游观光车
马车　人力车　步行

慢行交通系统通过营造环境优美尺度宜人高度人性化的环境，可以增进市民之间的情感交流，同时可以直接支持城市休闲旅游观光文化产业发展的提升，从而增进提高城市整体魅力。作为城市综合交通体系的重要组成部分，其也鼓励和支持交通可持续发展。

是谁守望城墙
——西安北顺城巷市井文化的复兴

指导教师

李莉萍

明月

熊兴军

江艳云

基于近年来西安市城墙的修复工程和顺城巷改造的大背景，2014年第二届西部之光大学生暑期规划设计竞赛的题目为"守望城墙——西安顺城巷更新改造"。西安城墙面临着历史文化价值的湮没、片区的衰败、公共空间的缺失、传统邻里交往方式的遗失、居民外迁现象严重等问题。现存的居民对旧有的城墙十分怀念，有很深的情结，但他们对现有居住条件却十分不满意。西安古都文化、城墙文化在这个社区几乎得不到任何体现，因此方案设计锁定顺城北巷，并定位为"是谁守望城墙？"，用"谁"这个字来强调本次考虑的重点是人和文化。因此，方案构思中重点关注的是城墙脚下的市井文化的复兴问题，希望不仅能留住尚平社区6717的现状人口，改善这部分居民的居住环境，同时能够吸引更多的外来人口，综合提升整个社区的魅力，带动整个顺城北巷以致整个顺城巷的活力。

方案设计围绕着"为何复兴？"、"为谁复兴？"、"怎样复兴？"三大问题展开，对现状较好的传统院落进行梳理整治及组织再生，赋予其新的生命力，保留其肌理。综合提升整个社区的魅力，带动整个顺城北巷以致整个顺城巷的活力。创造能够改善居民生活条件使之可以适应现代生活的示范社区、植入能够吸引外来人口停留的旅馆居住和商业功能，达到共融的活力社区，使整个社区的文化得到复兴，城墙文化得到传承，西安的古都文明得以延续。

参赛学生

廖丹

张雄斌

吴小娟

陈香涛

在拿到命题之初，我们首先对命题进行解读，发现问题并以此为调研的动力，希望在调研过程中得到答案。在调研中发现，西安顺城巷东西南北各有特点，其中顺城北巷产业单一，没有特色，人气淡漠，居民外迁现象严重，但现有居民对旧有的城墙却十分怀念，有很深的情结，但对现有居住条件却十分不满意。

西安古都文化、城墙文化在城墙北巷几乎得不到任何体现，因此本方案锁定顺城北巷，并定位为"是谁守望城墙"，用"谁"这个字来强调本次考虑的重点是居民和文化，方案构思的重点是城墙脚下的市井文化的复兴问题。希望不仅能留住社区内的居民，改善这部分人群的居住环境，并且能在此基础上，吸引更多的外来人口，借助城墙文化获得生活模式的共融，综合提升整个社区的魅力，带动整个顺城北巷以致整个顺城巷的活力。

方案围绕着为何复兴、为谁复兴、怎样复兴三大问题展开设计，对院落形态进行改造与重新组合，满足现代商业与居住的需求，利用主体轴线植入社区、住区和街区三级空间，使其形成有序的空间结构，保留西安千百年来的街巷空间格局，通过道路和轴线相结合的方式来强调街巷空间，利用庭院内外的关系强化轴线的序列，体现对西安横平竖直街巷空间的延续。

是谁守望 城墙？

——西安北顺城巷市井文化的复兴

现状篇

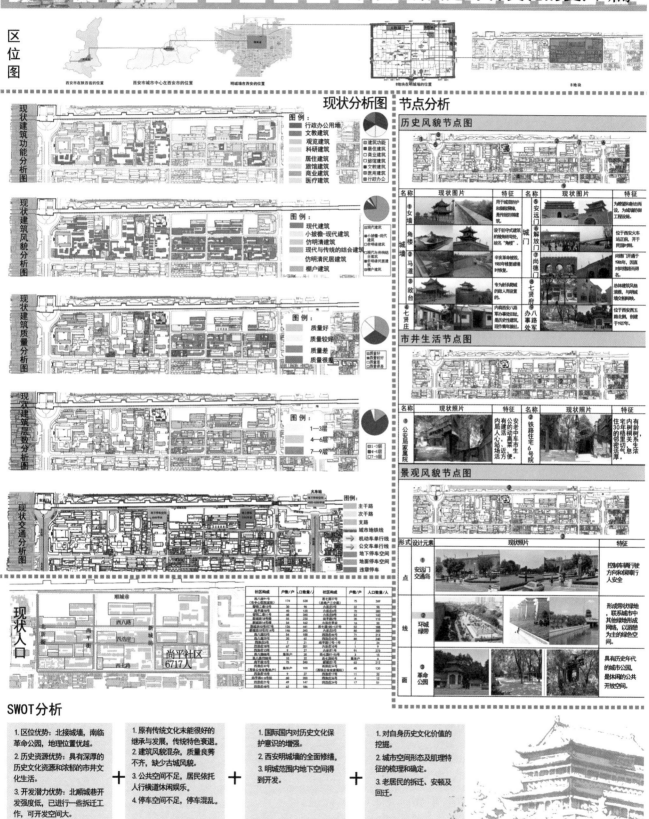

是谁守望 城墙？
——西安北顺城巷市井文化的复兴

构思篇

01 WHY 为何复兴市井文化

1 城墙历史文化价值被淹没
2 片区的衰败
3 公共空间的缺失
4 传统邻里交往方式的遗失

02 WHO 为谁进行复兴市井文化

普通居民
"地方好，住惯了！"
"愿搬回来啊！"
"面积不够，环境也不好啊！"

经营者
"生意难做啊，人气不够啊！"

游客
"没去过，时间太紧了。"
"不打算、还要去回民街呢！"

访谈

诉求

- 整体改造，改善人居生活环境，提高居住品质。
- 增加公共休闲活动空间，创造传统交往空间。

- 将普通市民和游客的需求相结合，创造能够凝聚一定人气的特色文化体验商业街。

- 结合北顺城巷特色，从市井文化的角度展现古城的朴实与魅力。改善区域整体的食宿条件。

03 HOW 怎样进行复兴市井文化

1、传统民居院落的回归

平面图 剖面图
平面图 剖面图
平面图 剖面图

关中传统民居院落形态

2、传统公共开放空间的植入

院落公共空间 街区公共空间
住区公共空间 社区公共空间

3、传统街巷的延续

周王城街巷 唐长安街巷 基地地块街巷

方案推导

1. 现状建筑肌理的梳理
原始 更新 生成
现状 拆除 植入 生成

2. 传统民居院落组合
原始 更新 生成
三合院式 串联式 串并列式 串并联式

3. 类传统民居创造
原始 更新 生成
院落1: 四面围合式 提取 尺度放大 重新组合
院落2: 三面围合式 提取 尺度放大 重新组合

方法：
把尺度房和尺度放大与现代单元楼相近的尺度，尺度进行组合和有机组合，创造类传统民居，作为基地范围性建筑改造的蓝本。

4. 肌理的更新
现状肌理 规划肌理

主体轴线的生成
东西向联火车站、汽车客运站与七贤府卓街，形成特色商业带，南北向连通南郜革命公园，形成市井文化轴

1. 轴线的生成
七贤府 火车站 客运站 革命公园

2. 空间的保留
街巷的延续与肌理的保留：对地块内的传统街道的格局进行保留，对网状较好的院落进行梳理整顿，保留其肌理

3. 高度的控制
1F 2F 3F
建筑高度按照城墙限高进行控制

方案的形成：

3. 旧城的改造

保留：对个别构件进行更换和修缮，或进行功能置换。
整治：对破坏的部件与风貌不符合传统式样的建筑进行重新改造设计。
整治：暂时保留，日后视情况进行整修改造，包括粉刷、平改坡、更换外饰面等。
更新：拆除新按设计需要重建，与传统风貌协调。
拆除：拆除依规划为开发空间。

院落的回归
将关中传统民居院落引回基地，对院落形态进行改造与重新组合，满足现代商业与居住的需求。

空间的植入
利用主体轴线植入社区、住区和街区三级公共空间，社区级公共空间服务于不同的居住组团，住区级公共空间服务于不同的街道，结合各居于院落的庭院公共空间，形成四级公共空间体系。

街巷的延续
保留西安几百年以来的街巷空间网格局，通过道路和轴线相结合的方式强调街巷空间，利用庭院内外的关系强化轴线的序列，延续西安横平竖直街巷空间的延续。

方案的生成

0 25 50 100M

规划总平面

城墙
文化广场
博物馆
社区中心（周平居委会）
文化站
便民服务中心
派出所
警楼
楼楼广场
特色住区
曲巷社区站
听汽场
口茶楼
书茶馆
水乡特色酒店
情景体验特色商业街
风貌小吃街
关中风情体验社区
关中特色住区

佳作奖

是谁守望 城墙？
——西安北顺城巷市井文化的复兴

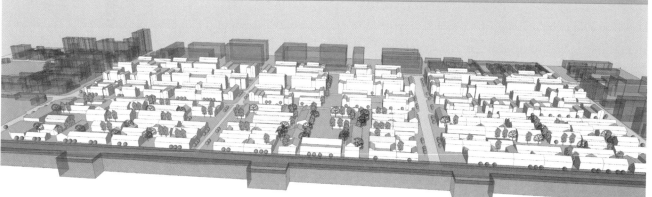

功能分析

图例
- 社区文化中心
- 旅馆住宿区
- 公共管理与公共服务区
- 商业区
- 民居商住区
- 类民居住区
- 示范性社区

开放空间系统分析

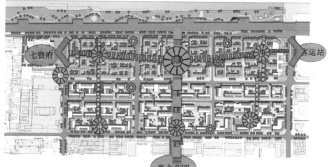

图例
- 市井生活体验商业轴
- 市井文化轴
- 市井生活轴
- 社区级公共空间
- 住区级公共空间
- 街区级公共空间

空间分析

社区级公共空间

住区级、街区级公共空间

传统院落级公共空间

公共空间 半公共空间 私密空间

佳作奖

商业街效果

传统院落效果

商业街分析

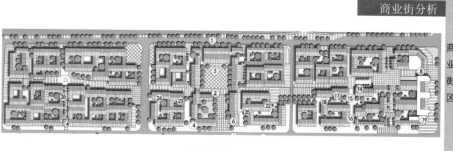

商业街巷空间

商业街区

市井文化轴东立面

CAS
——复杂适应性理论下顺城巷公共空间的重构

指导教师

高伟

守望城墙：西安顺城巷更新改造

城墙是古城西安特有独特的文化遗产，作为西安城市公共空间体系中的重要组成部分为现代都市生活提供了空间和精神的庇护。本次设计题目隐含了我们对待城市中具有重要文化价值的待更新地区的一种具有哲学思辨性的规划设计态度——守望与更新，守望是其文化内涵与历史记忆得到延续，更新是其功能能融到现代都市生活中来。因此本次竞赛设计指导，期望以不同视角，对基地问题再认识，探讨如何在更新改造过程中激活待更新地区与城市融合发展。

参赛学生

傅廉蔺

金彪

刘佳欣

徐丽文

张富文

西安的顺城巷，巷若其名，是一段在城墙内侧顺墙而成的街巷，一侧是巍巍古城墙，一侧是秀丽端庄的明清古建，小巷虽没有新建大道的宽阔华丽，却因它的存在，使得原本因墙而隔断的围城内与外，城垛与飞檐不觉间浑然一体。城墙不再孤独，院落不再断续。

顺城巷最大的美丽不是现代都会的繁华与机会，而是深厚的文化底蕴与浓郁的生活气息，"历史文化"和"传统生活"这两个词组本应当成为该地区在当代城市语境中的身份标签，然而，在全球化的背景下，现代资本在文化外衣的包装下，正凭借着巨大的话语权和渗透力改变着我国历史城市的文化面貌，顺城巷地区似乎也难以逃脱这无法逆转的宿命，延续百年的古城墙被过度商业包装，文化符号被素以滥用，古城早已盛名不再……顺城巷的传统文化面临着被消费性展示、被商业化符号割据破坏了邻里交往的空间形态，历史街区也逐渐成为环境脏乱、机会缺失的"棚户区"，私权无处不在的侵入不断蚕食着公共利益，开放空间正迅速失去活力……

显然，解决顺城巷地区的问题的目标应是如何真正回归"文化"与"生活"，本次设计主要从重构顺城巷公共空间的角度出发，通过构架公共空间系统来激活顺城巷地区，带动片区发展，延续地域文脉，提升居民生活品质。我们借助CIS理论，对地块进行用地功能划分，使一个复杂的系统简单化，参考西安古城内现有发展较好的同类地区的模型，找出基地内功能缺失的部分，通过在地块内植入缺失的功能建立一个结构雏形，通过后期的不断试验建立系统的内部模型。

CAS
——复杂适应性理论下对顺城巷公共空间的重构　01

设计技术路线

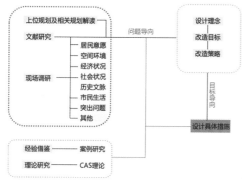

问题导向

- 上位规划及相关规划解读
- 文献研究
  - 居民意愿
  - 空间环境
  - 经济状况
- 现场调研
  - 社会状况
  - 历史文脉
  - 市民生活
  - 突出问题
  - 其他

- 设计理念
- 改造目标
- 改造策略

目标导向

设计具体措施

- 经验借鉴 —— 案例研究
- 理论研究 —— CAS理论

人群活动分析

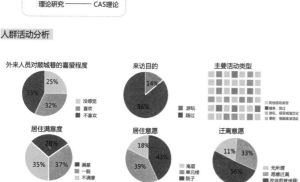

外来人员对顺城巷的喜爱程度　25% 33% 32%（没感觉／喜欢／不喜欢）

来访目的　14% 86%（游玩／路过）

主要活动类型

居住满意度　28% 35% 37%（满意／一般／不满意）

居住意愿　18% 43% 39%（高层／单元楼／院子）

迁离意愿　11% 33% 56%（无所谓／愿意迁离／改造后就不走）

文化氛围感受度　37% 63%（能感受／不能感受）

对沿街商业氛围满意度　31% 57% 12%（满意／一般／不满意）

沿街商业改造意愿　9% 14% 77%（无所谓／不希望改善／希望改善）

区位分析：

西安在关中的位置

城墙在西安的位置

设计地块周围情况

西安位于关中平原中部，自然地理条件较好，城墙位于西安市中心，具有很好的区位优势。

设计地块受城墙阻隔，交通条件较差。但周边具有丰富的历史文化和景观资源，能够为地块乃至旧城的活力提升提供良好的基础。

城墙历史沿革：

西安城墙始建于隋代开皇二年（公元582年），是隋唐皇城的基础上经五代、宋、金、元等时期，于明朝洪武三年至明洪武十一年（公元1370-1378年），在唐长安城皇城和元奉元城基础上扩建而成。从隋唐皇城算起，西安城墙已有1400多年历史，从明初扩建府城算，已有600多年历史。

五代　元　清

宋　明　现代

策略借鉴——CAS理论：

CAS是复杂适应系统（Complex Adaptive Systems）的简称，是CAS基本思想可以概述为：系统中的成员被称为具有适应性的主体，主体在与环境以及其他主体的交互作用中"学习"或"积累经验"，并反过来改变自身的结构和行为方式，以适应环境的变化以及与其他主体协调一致，促进整个系统的发展、演化或进化。

标识　多样性　创造价值与效率

内部模型a　内部模型b

好的模型　普通效应

1. 集聚：不同尺度西安城市公共空间分析
2. 提取：西安市公共空间组合模式分析
3. 借鉴：组合模式在地块设计应用
4. 效应：地块发展愿景

公共空间现状：

1.公共空间类型

现状公共空间从城市层面上来看，城市一级活动场所以及城市绿地主要集中于城墙范围内，城市二级活动场所则主要分布于城墙外围区域，呈现明显的层级关系；

从设计区域层面来看，城市活动场所主要沿街道呈现带状分布，串联起广场、公园以及主要景点等，呈现较明显的整体性。

—— 城市层面：

图例：
- 城市一级公共活动场所
- 城市二级公共活动场所
- 城市广场
- 城市绿地
- 带形绿色公园绿地
- 设计区公园绿地
- 城市开放公共绿地
- 规划地块

—— 区域层面：

图例：
- 绿地
- 规划绿地
- 沿街公共活动带
- 广场
- 节点
- 地段公共活动带
- 城区公共活动中心

2.公共空间公共性

城市公共空间的公共性是指公众使用空间的程度，其限制因素包括居民收入、人群及时间等。

分析显示公园和街道受限制因素最少，因此其公共性也最强。

公共性限制因素	商场	学校	医院	公园	遗址	街道	办公
收入	■						■
特定人群		■	■				
特殊人群	■	■	■	■			
时间		■	■	■			

4.公共空间可达性

借用空间句法分析软件Axwoman3.0对设计区域及周边道路整合度和可达性进行分析。发现东六路、东七路和解放路的整合度最高。

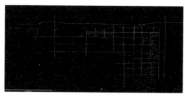

3.公共空间类型

公共空间作用的发挥不仅仅在于其类型的丰富性更重要的是公共性强的公共空间类型所在比例，分析显示，地段公共空间类型较丰富但缺乏公共性强的空间。

图例：
- 商场
- 办公
- 学校
- 公园
- 医院
- 遗迹

5.公共空间形态

城市活动力度越高，往往其公共空间形态越丰富，不同的空间形态能满足不同活动需求，增加空间趣味性，吸引人流。分析显示，顺城巷空间形态单一，以线性空间为主。

- 公共空间
- 开敞空间

现状主要矛盾

矛盾one 场地闲置空间浪费

地段内存在大面积闲置空间，居民活动场地不足的同时，顺城巷空间环境品质欠缺。

矛盾two 空间规划不足住区环境品质低

住区内部缺乏公共活动场所，街巷尺度不合理，影响居民公共生活。

矛盾three 多样性公共空间缺乏

公共空间主要以线性形态存在，缺乏公共性强的公共空间。

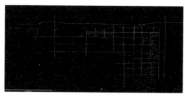

矛盾four 已有公共空间衰落

城墙巷公共空间冷清，严重衰落，未能良好发挥城墙空间与邻接空间的连接作用。

矛盾five 空间可达性弱，彼此缺乏联系

地段内现有公共空间之间可达性不均衡，重要公共空间可达性弱。

佳作奖

总平面图　1:3000

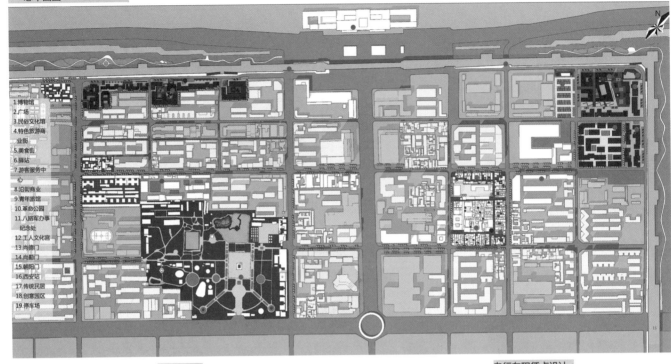

1.博物馆
2.广场
3.民俗文化馆
4.特色旅游商业街
5.美食街
6.驿站
7.游客服务中心
8.沿街商业
9.青年旅馆
10.革命公园
11.八路军办事处纪念馆
12.工人文化宫
13.尚德门
14.尚勤门
15.朝阳门
16.西安站
17.传统民居
18.创意园区
19.停车场

N

佳作奖

模型提取：

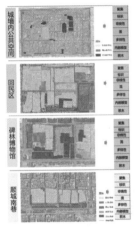

模型生成：

模型提取　　规划地块现状　　城墙内公共空间　　生成模型

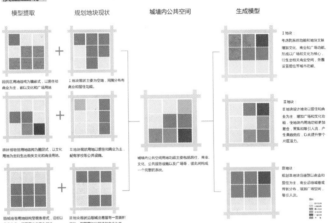

自行车租赁点设计：

地块Ⅰ改造分析：

Ⅰ地块位于城墙东北角，具有较好的景观潜力。清代时候属于满城所在地，现状用地荒废，设计将以碑林博物馆作为参照，对其进行改造：

聚集	标识	非线性	流	多样性	内部模型	积木

地块Ⅱ改造分析：

Ⅱ地块位于棚户区范围，内部基础建设较差，空间肌理较为混乱，规划以回民街片区设计的借鉴对象，提取相关空间要素对Ⅲ地块进行改造：

聚集	标识	非线性	流	多样性	内部模型	积木

改造前

改造后

地块Ⅲ改造分析：

Ⅲ地块位于顺城巷北巷，紧邻城墙，对于城墙观景来说具有较为重要地位，规划借用CAS理论，以顺城南巷空间为作为参照，对其进行改造：

聚集	标识	非线性	流	多样性	内部模型	积木

CAS

——复杂适应性理论下对顺城巷公共空间的重构　03

规划意图分析：

以公共空间为标识，选取地块1，地块2，地块3作为积木

通过对各地块的改造，使公共空间层级更加完整

借用乘数效应，增加循环流，提升使用效率

重构公共空间丰富的多样性

新的内部模型将被检验，探索最佳积木

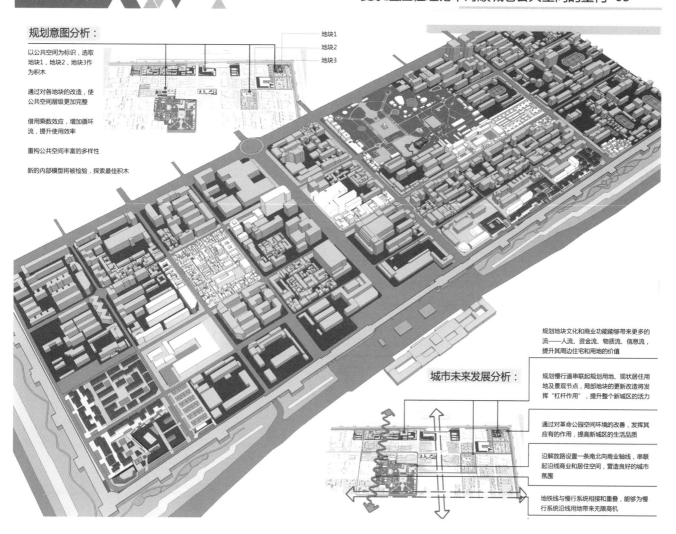

地块1
地块2
地块3

城市未来发展分析：

规划地块文化和商业功能能够带来更多的流——人流、资金流、物质流、信息流，提升其周边住宅和用地的价值

规划慢行道串联起规划用地、现状居住用地及景观节点，局部地块的更新改造将发挥"杠杆作用"，提升整个新城区的活力

通过对革命公园空间环境的改善，发挥其应有的作用，提高新城区的生活品质

沿解放路设置一条南北向商业轴线，串联起沿线商业和居住空间，营造良好的城市氛围

地铁线与慢行系统相接和重叠，能够为慢行系统沿线用地带来无限商机

佳作奖

居民行为分析：

7:30　8:00　8:30　9:00　12:00　13:00　14:30　17:00　17:30　23:00　23:30　7:30

游客行为分析：

7:30　8:00　8:30　9:00　12:00　13:00　14:30　17:00　17:30　23:00　23:30　7:30

慢行系统环线分析：

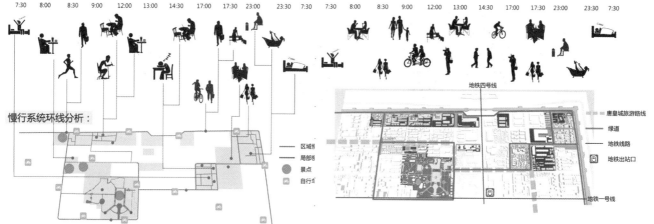

区域慢行
局部慢行
景点
自行车

地铁四号线

唐皇城旅游路线
绿道
地铁线路
地铁出站口

地铁一号线

公共空间剖面分析：

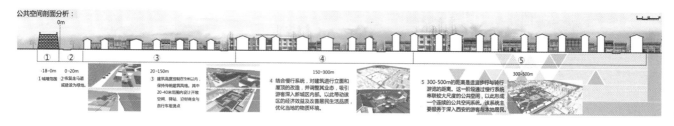

0m

① ② ③ ④ ⑤

-18~0m
1 城墙范围

0~20m
2 改复主马道或建设为绿地

20~150m
3 建筑高度控制在9米以内，保持传统建筑风貌。其中20-40米范围内设计开敞空间、驿站、设置商业与自行车租赁点

150~300m
4 结合慢行系统，对建筑进行立面和屋顶的改造，并调整其业态，吸引游客深入新城区内部，以此带动该区的经济效益及改善居民生活品质，优化当地的物质环境

300~500m
5 300-500m的距离是适宜步行与骑行游览的距离。这一阶段通过慢行系统串联起大尺度的公共空间，以此形成一个连续的公共空间系统，该系统主要服务于深入西安的游客与本地居民。

Mult-Dimesion Life 多维生活
——城墙下的"莫比乌斯"公共休闲系统

指导教师

李春玲

感谢中国城市规划学会（以下简称学会）和高等学校城乡规划学科专业指导委员会（以下简称专指委）提供"西部之光"这个平台，让我们有机会认真审视西安城墙这一传统的"界限"。在如今存量规划的时代背景下，西安城墙该如何保护，在现代的生活又将扮演怎样新的角色，西安老城墙为同学们提供了一个复杂的规划命题。感谢学会、专指委提供了"西部之光"这样的机会让学生们充分认识到规划的复杂性，同时也为各校之间学习交流提供了有效平台，愿下一届的师生有更多的收获。

参赛学生

潘鹏程   邱建维   王玥玲   田昊   张文宇

很庆幸能参与到"西部之光"的暑期城市设计竞赛中，它给我提供了难得的学习交流平台，也是我们在本科阶段一次难忘的经历。从前期的调研到专家报告获益良多，同时在与小组成员调研、讨论和绘图过程中建立了深厚的革命友谊，在激烈的思想碰撞后我们也给大三的暑期设计之旅交上了一份满意的答卷，在各校的成果交流中我们相互学习、取长补短，由衷感谢主办方的支持与老师的指导，愿西部之光竞赛越来越精彩！

通过这次"西部之光"竞赛，我们进一步理解了城市更新的方法手段，认识到文化对于城市发展的重要性，对西安顺城巷以及西安老城墙有了深刻的理解，西安老城的居住生活环境以及百姓的日常生活都需要用心经营，在设计中我们运用莫比乌斯理论，充分考虑老城生活与旧城更新后的时空矛盾，创造出满足多元矛盾的老城更新设计。

通过这次协作进一步掌握了规划的合作方式，相信会对我们今后的发展起到重要作用，感谢指导老师的细心指导与同学们的耐心配合，感谢竞赛让我们的大学生活留下了精彩的一笔。

场地现象分析

游客与居民混行　居民缺乏休憩空间　居民缺乏游乐空间　乘客占据城下空间候车　城墙下违建停车　城墙下功能混乱　车辆驶入生活性道路

游客占据生活型道路

生活性巷道停满车辆

小孩缺乏玩耍空间

莫比乌斯

多维

基地位置与周边分析

多维生活
城墙下的 "莫比乌斯" 公共休闲系统

Mult-Dimesion Life

佳作奖

用地分析　　交通结构分析　　人群分布分析

概念提出

莫比乌斯带本身是数学分支中一个拓扑学的概念，用来研究各种"空间"在连续性的变化不不变的性质，对于空间形体的生成具有深远的影响。它在每个局部上都有两个圈，但是对于这个整体来说却是一个无限的交织与连续。

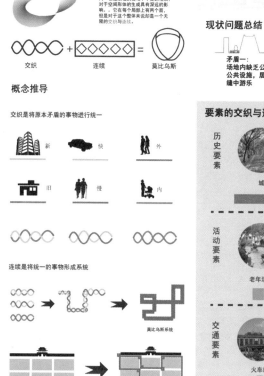

交织　　＋　连续　＝　莫比乌斯

概念推导

交织是将原本矛盾的事物进行统一

新　快　外
旧　慢　内

连续是将统一的事物形成系统

莫比乌斯系统

改造前　改造后

现状问题总结

矛盾一：
场地内缺乏公共绿地以及公共设施，居民只能在夹缝中游乐

矛盾二：
场地内交通流线混乱，生活性道路内经常开入车辆占道，使得居民缺少合理的步行休闲空间

矛盾三：
场地内的城墙下空间组织不合理，墙根空间被停车候车占用

矛盾四：
场地内居民与乘客的活动范围冲突，共享空间秩序混乱

要素的交织与连续形成莫比乌斯系统

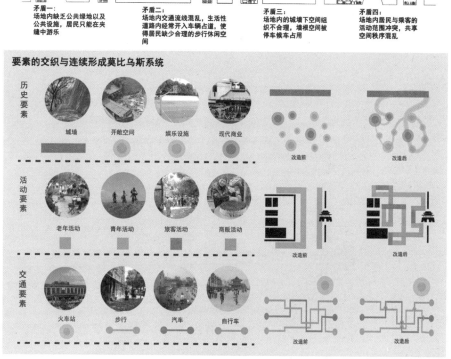

历史要素：城墙　开敞空间　娱乐设施　现代商业

改造前　改造后

活动要素：老年活动　青年活动　旅客活动　商贩活动

改造前　改造后

交通要素：火车站　步行　汽车　自行车

改造前　改造后

MULTI-DIMENSION LIFE IN "MOBIUS" SYSTEM　　　现状研究及概念生成　　　1

守望城墙：西安顺城巷更新改造

主要节点空间改造策略

针对莫比乌斯空间进行动线研究，分离出4种动线特征，相对应解决设计场地中的4种不同生活活动矛盾。

分隔性
互动性
延续性
重叠性

莫比乌斯空间模型

生活流线与交通的矛盾
分隔

居民与游客的矛盾
互动

城墙与周边都市生活的矛盾
延续

公共活动与设施缺乏的矛盾
重叠

沿城墙道路改造策略

将城墙边上的双向车道改为单向车道，并且增加城墙边上的公共活动面积，增加城墙边泊的活力。

模型应用

改造生活性道路与交通性道路交界口，分隔人流车流，立体衔接道路两侧公共休闲空间

联通建筑二层形成连续的居民商业生活街与底层沿街火车站商业分开，通过垂直楼梯相互联系形成良性互动

跨越车行道，立体连接城下商业街与城下公园，实现公共生活活力的延续

在两座相邻居民楼之间重叠活动性质的交通空间，实现居住建筑的公共活动性

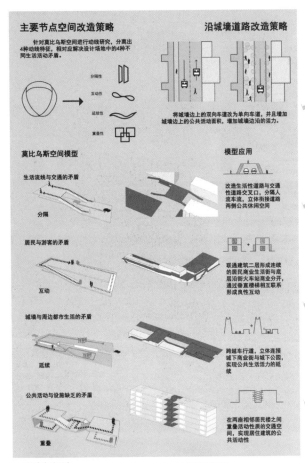

休闲系统设计生成 2

莫比乌斯系统在空间上形成了多个大小不同的功能节点，其中包括了建筑、院落、场所和通道的处理。

功能建筑子系统

衔接子系统

开敞空间子系统

街道灰空间子系统

莫比乌斯系统分析

功能布局图

公共空间分析图

步行系统分析图

道路系统分析图

规划分析

微空间设计

结合莫比乌斯空间结构与人群生活脉络进行场地微改造

 增加街道出墙

 利用消极墙面

 利用矮房屋顶

 利用树下空间

 利用街角空间

多维生活

Mult-Dimesion Life

城墙下的"莫比乌斯"公共休闲系统

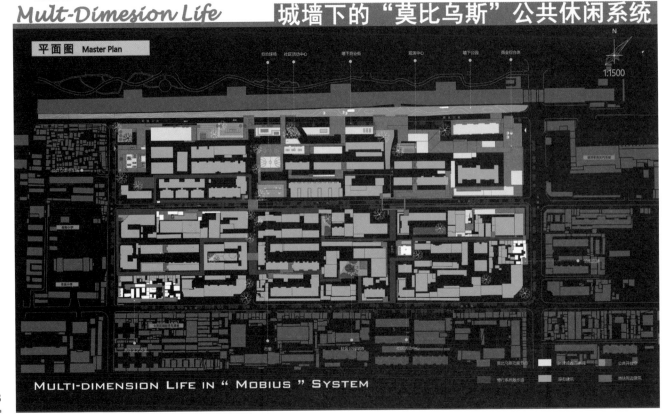

平面图 Master Plan

1:1500

MULTI-DIMENSION LIFE IN "MOBIUS" SYSTEM

MULTI-DIMENSION LIFE IN "MOBIUS" SYSTEM

休闲系统设计成果展示

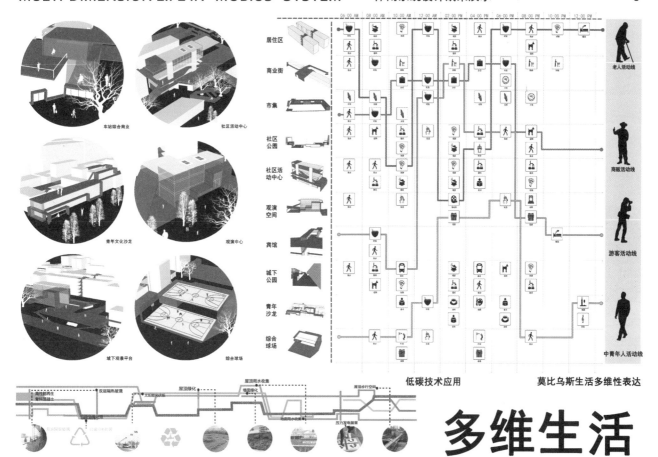

低碳技术应用　　　　莫比乌斯生活多维性表达

多维生活

Mult-Dimesion Life

城墙下的"莫比乌斯"公共休闲系统

MULTI-DIMENSION LIFE IN " MOBIUS " SYSTEM

衔墙链城
——基于立体分形的公共休闲系统设计

指导教师

高伟

西安，是典型的由"城与墙"组成的千年古城。城与墙在不同尺度上分隔内外，承载防御。但是，随着社会经济的变迁，城墙成为一种建筑元素、历史印记，记录西安的古往今来与乡土风情，既不能充分满足现代人居环境需求，也在人与人之间筑起了一道道自我保护的"城墙"。

当我们以分形的角度来看西安及其市井生活时，可以发现，西安具有"城、坊、院、屋"四个尺度的自相似结构，在现代人居环境中，表现为不同尺度的道路，对应为城市道路、街巷、入户路、建筑内部通道。因此，本方案以道路为线性要素，串联市井生活活力点，构建一个基于城墙、依托城墙、守望城墙、包含城墙的立体的公共休闲系统，在打破了传统的城墙分隔功能的同时，又促进了人与人之间在不同空间中的联系。

参赛学生

童静

吕志雄

张雨

赵旭

赵向阳

本方案以西安城市"城—墙"的分形特征为入手点，挖掘空间的自相似性，以达到既保护传统空间布局，又满足现代人居生活需求的目的。以活力点及潜在活力点为基础，通过点状交通换乘枢纽构建新的生活休闲空间，并用平面和立面的线性要素道路来串联各个空间，构建街区公共交通系统。由于方案的理论性太强，公共休闲系统构建过于灵活多变，设计过程中，思想火花的碰撞异常激烈。方案从立体空间上着手，突破了传统的设计思维模式，是本方案的一大亮点。同时，在立体空间上"天马行空"般的改造，使得休闲系统的空间构成、尺度和形态具有非常大的局限性，使得本方案处于"浅尝即止"的状态。组里多次深入研讨后发现，首先，基于分形理论，应当对"城—墙"的分形维度和分形结构有确切研究；其次，立体公共休闲系统不能充分保障住区私密性，可以从材料与空间交错布局的方式进行改进；最后，交通枢纽点的活力营造还需要从功能上和空间上与周围环境结合。

衔墙链城　基于立体分形的公共休闲系统设计 | 01

设计说明

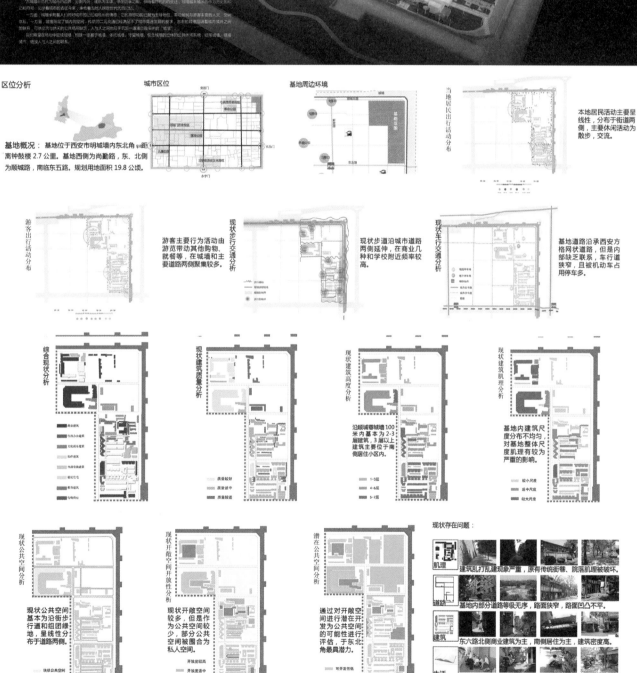

区位分析

城市区位

基地周边环境

本地居民活动主要呈线性，分布于街道两侧，主要休闲活动为散步，交流。

基地概况： 基地位于西安市明城墙内东北角，距离钟鼓楼较近 2.7 公里。基地西侧为尚勤路，东、北侧为顺城路，南临东五路。规划用地面积 19.8 公顷。

游客主要行为活动由游览带动其他购物、就餐等，在城墙和主要道路两侧聚集较多。

现状步行交通分析
现状步道沿城市道路两侧延伸，在商业几种和学校附近频率较高。

现状车行交通分析
基地道路沿承西安方格网状道路，但是内部缺乏联系，车行道狭窄，且被机动车占用停车多。

综合现状分析

现状建筑质量分析

现状建筑高度分析
沿顺城巷城墙100米内基本为2-3层建筑，3层以上建筑主要位于南侧居住小区内。

现状建筑肌理分析
基地内建筑尺度分布不均匀，对基地整体尺度肌理有较为严重的影响。

现状公共空间分析
现状公共空间基本为沿街步行道和组团绿地，呈线性分布于道路两侧。

现状开敞空间开放性分析
现状开敞空间较多，但是作为公共空间较少，部分公共空间被围合为私人空间。

潜在公共空间分析
通过对开敞空间进行潜在开发为公共空间的可能性进行评估，于东北角最具潜力。

现状存在问题：

肌理　建筑乱打乱建现象严重，原有传统街巷、院落肌理被破坏。

道路　基地内部分道路等级无序，路面狭窄，路面凹凸不平。

建筑　东六路北侧商业建筑为主，南侧居住为主，建筑密度高。

生活

衔墙链城 基于立体分形的公共休闲系统设计 | 02

概念提出： 分形城市是基于几何学，表现出与整体的相似性，它承认空间的变化既是离散的也可以是连续的。对于分形，最直观的理解是"自相似"及"迭代"，不同层次间的部分在形状上相似，并通过一个方式迭代成一个更大的整体，是分形体最基本的特征之一。

概念引入： 以分形的角度看城市

中国传统城市，正是一个卷常标准、简洁的四合分形体。

中心游赏为目的的城墙的修建，为"墙"——作为分形迭代的主体，构成了围绕作为传统城市的典型特征。

以"城、坊、院、厅"分为四个层次，构成各相似结构。

随着城市生长、人口的需要，墙与建筑成为基本居住要素，而减通在较狭的时间，也割断了城市与周围的联系，使城市的内聚向扩张。

通过平面拉伸向空间分形创造多层级平面与改善城市区域交通、商业与居住状况的改善。

联系点生成策略

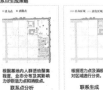

联系点分析 根据基地内人群活动频繁程度、业态分布及影响力渗透出点和新增点。

联系生成 根据动力点及消极点的分布对区域进行分类。

联系线分析 根据现状动力点分布及点的分布密度，衍生出局部墙面点，以游赏吸收的活力再造。

联系生成 以线串点，以游客点之间的线性联系为基础扩展为带状影响。

联系面分析 点的激活与生长，带动区域活力提升。

线的分形设计策略

旧结构的模式上扩展城市（包括大量的建设高层建筑），而城市的道路系统依然局限在地平面上，使得现代大城市越来越露出它的弊病。在用地萎缩、人口膨胀、汽车横行的现代城市，单体建筑规模的扩大、城市的立体化是不可避免的。

立体分层 / 架空骑楼 / 过街骑楼 / 上人屋顶 / 街视广场 / 过街天桥 / 台阶坡道

建筑分形策略

建筑、连同它的穿梭的走道可以成为整个流动着的立体分形着的城市的不可分割的一部分，传统的院落布局有无限的个性空间可以发挥，建筑从平面到空间拉伸变化，营造丰富多变的现代空间。

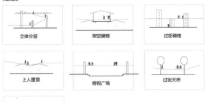

拆除违规及质量较差建筑 / 新建筑还原传统肌理 / 现代空间的引入

折线变化 / 切割重构

功能配置策略

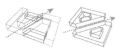

基地人群分类　日常活动衍生　功能整合　空间功能生成

常驻者 / 游客 / 居民

游客 / 居民 / 艺术家及外来常驻者

参观 / 餐饮 / 住宿 / 休闲 / 路过 / 创作 / 购物 / 休闲 / 逛街 / 健身交流 / 住宿

游览 / 生活 / 创作、生活

文化功能 / 商业功能 / 游憩功能 / 生活功能

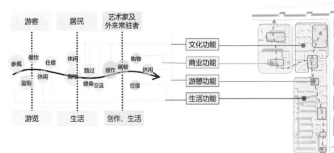

总平面图

1. 兵马道体验
2. 立体衔接枢纽
3. 下沉广场
4. 主题展馆
5. 茶咖坊
6. 民俗商业街
7. 酒店
8. 百货商场
9. 传统作坊
10. 现代艺术工作室
11. 游人部落
12. 书吧
13. 商业街
14. 中学
15. 小学
16. 街头广场
17. 老年公寓
18. 屋顶花园
19. 幼儿园
20. 儿童活动场地
21. 健身广场
22. 雕塑小品
23. 树池座椅

1. 基地现状主要人群为本地居民和游客。

2. 通过对空间的改造及明城墙文化氛围烘托再现，吸引艺术家及外来文化常驻人群，为整个地块注入新鲜血液。

3. 本地居民主要活动为上下班穿行基地、购物、休闲、健身、交流。

4. 游客主要活动为参观、住宿、餐饮、休闲、逛街。

5. 艺术家及外来常驻者主要活动为创作、就餐、购物、住宿、休闲。

6. 通过对活动发生场所进行整合，归类出主要为文化、商业、游憩、生活的四大活动片区。

7. 为满足不同人群的需求，而主要开场公共空间与其他三大功能区域融合。

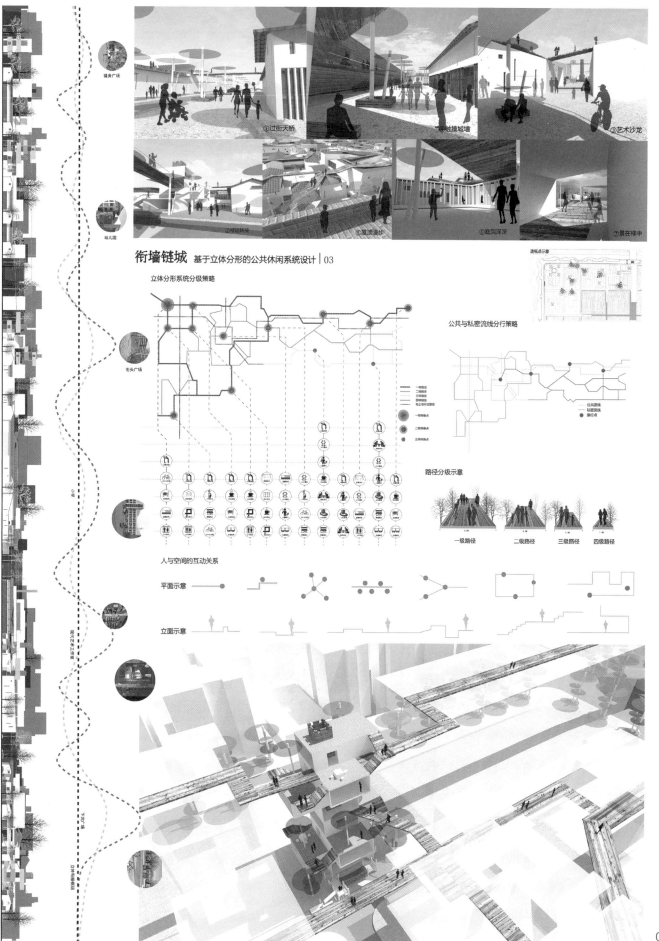

①过街天桥　　④触摸城墙　　③艺术沙龙

②框纽转接　　⑤屋顶漫步　　⑥庭院深深　　⑦景在框中

衔墙链城 基于立体分形的公共休闲系统设计 | 03

立体分形系统分级策略

透视点示意

公共与私密流线分行策略

— 公共流线
— 私密流线
● 漫行点

路径分级示意

一级路径　　二级路径　　三级路径　　四级路径

人与空间的互动关系

平面示意

立面示意

廊趣
——西安"古都长廊"又一张新名片

指导教师

聂康才　　　　　　李柔锋

周敏　　　　　　　张蕴

岁月静好，流年辗转，轻倚季节的转角，依着图纸的馨香，将如水的情思，摇曳成笔尖的曼妙。高高低低连廊的姿态，于城墙的光阴中，守望一场心与心的约定。携一份古朴凝重的浪漫，铭记一巷相随的暖，那守望城墙的季节，伫立成一世的风景。

城墙不仅是古城西安独特的文化遗产，也为喧嚣的现代都市提供了空间和精神的双重庇护。顺城巷的更新设计中如何激活区域空间活力——当然这种活力不是那种喧闹的活力，是一种吸引力，传统文化心理的场所归属，空间形式与功能设定的优化耦合可能是区域再生的重要手段。

顺城巷路的平直，城墙的高度，沿线的功能内容是设计过程中着重关注的要素。面对平直与封闭我们可以做什么？习惯于在墙根下仰视的我们，可否有更高的视点，可否在高高低低的视线中来一场与城墙上的人的对话。设计的切入点便是从平直与高低的思考中展开，利用基本的连廊的形式，接近与退让，收缩与展开，或抬阶而上，或凭栏凝望，在上上下下、左左右右的探寻过程中获得对城墙的空间与精神心理的新的感悟和情趣——廊趣。

参赛学生

叶春燕　　　赵晶爽　　　宋晶莹　　　胡晓晨　　　全昌阳

　　构思起源：通过探访历史古都，发现城墙脚下空间形态单一，缺乏开敞活动空间；屋顶平台等半私密空间，缺乏邻里交往活动；屋顶廊道形同虚设，市民极少开展活动。思索如何搭建平台，建立廊道解决多种上下矛盾，寻访如何塑造老活动新空间，满足现代都市生活情趣，激发社区活力。

　　方案表现：通过顺城巷产业的发展模式、空间及环境演化探寻历史遗迹。分析现有交通流线、动静活动存在的问题，探寻步行、公共交通、城市道路等系统的廊道路径搭建模式。方案设计采用平面廊道和立体廊道等交叉体系共同构建现代商业步行街、老年活动中心、银幕广场、老行当展馆、青少年活动中心等活力集中节点，形成居民日常的活动影像，将趣味活动融入实体建筑，形成廊上廊下新活力空间，营造活力社区。建筑单体设计以纺织厂为民俗起源，加入民俗活动，形成纺织馆、理发馆、钟表行、茶艺坊及银匠铺等活动空间展示为一体的老行当展馆；以城墙为军事起源，保护古代军事防御体系，增加城墙下活力点，串行活力行走路线，分解现实生活中"巷、墙、林、河、路"五带一体的带状面，划分小尺度历史街区，形成现代宜居社区。

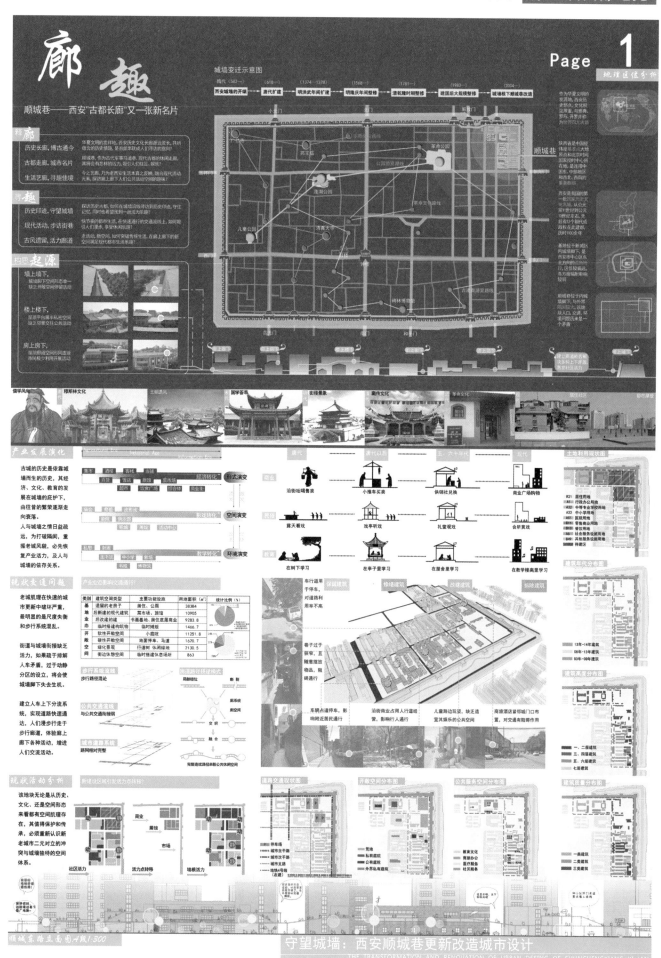

廊趣

顺城巷——西安"古都长廊"又一张新名片

释廊
历史长廊，博古通今
古都走廊，城市名片
生活艺廊，寻觅佳境

寻趣
历史印迹，守望城墙
现代活动，步访街巷
古风遗韵，活力廊道

构思起源
墙上墙下，
楼上楼下，
房上房下，

城墙变迁示意图

| 隋代(582—) | 唐代(618—) | (1374—1378) | (1568—) | (1781—) | (1983—) | (2004—) |
| 西安城墙的开端 | 唐代扩建 | 明洪武年间扩建 | 明隆庆年间整修 | 清乾隆时期整修 | 建国后大规模整修 | 城墙根下顺城巷改造 |

顺城巷

产业发展演化

古城的历史是依靠城墙而生的历史，其经济、文化、教育的发展在城墙的庇护下，由往昔的繁荣逐渐走向衰落。

人与城墙之情日益疏远，打破隔阂，重振老城风貌，必先恢复产业活力，人与城墙的依存关系。

形式演变
空间演变
环境演变

现状交通问题

老城肌理在快速的城市更新中破坏严重，最明显的是尺度失衡和步行系统混乱。

街道与城墙衔接缺乏活力，如果疏于排解人车矛盾，过于动静分区的设立，将会使城墙脚下失去生机。

建立人车上下分流系统，实现道路快速通达，人们漫步行走于步行廊道，体验墙上廊各种活动，增进人们交流活动。

步行系统流线
公共交通流线
城市遗韵系统

现状活动分析

该地块无论是从历史、文化、还是空间形态来看都有空间肌理存在，其值得保护和传承，必须重新认识新老城市二元对立的冲突与城墙独特的空间体系。

社区活力　活力点转移　墙根活力

道路交通现状图
开敞空间分布图
公共服务空间分布
建筑质量分布图

廊趣

顺城巷——西安"古都长廊"又一张新名片

廊道演变历程

改造老街建筑实体，创建服务周边居民的公共活动场所。

创立廊道连接主要公建与住宅，创造住宅群公建的步行系统。

在商业建筑外围增加廊道，方便人流直接进入商业空间，避免与车行交通的混杂。

廊道在重要节点处发生变化，增加区域整体的连续性，丰富了廊道的多样性。

佳作奖

建立垂直交通体系，在狭窄街道空间创造人车分行交通系统。

廊道空间联系

空间统一　空间分离

简单分割线
外部空间活动
内部空间活动

时间统一，活动分层

廊道空间连续

机动交通　慢行交通

廊道交通联系

公共空间
建筑节点
廊道入口
廊上流线
景观特点
重要节点
公交换乘点
廊下流线
社会停车场
车行流线

廊道功能联系

民俗廊道·纺织厂

记忆·希望·方案起源

记忆中的纺织厂　现实中的纺织厂　希望中的纺织厂
手工作坊院落布局　业态混合快捷高效　古代科学经久不息
生产工艺流程简洁，但不乏观赏性和实用性　一体化的生产，加工，销售或展代发展　提供一个纺织业发展历程的观赏，学习空间

3. 记忆植入
纺织厂搬迁，遗留许多纺织手艺人，并与当地剃头刷匠等传统手工艺相结合，形成颇具特色的西安老行当展示聚落。
剃头匠　钟表行

1. 空间层次
院落空间
建筑空间
廊道空间
开敞空间
灰空间
新建建筑
保留建筑
廊道空间

2. 功能层次
纺织供销公司商行
纺织供销公司招待所
纺织供销公司
功能整合

4. 活动策划
年俗
行当规短展示　纺织馆
视觉　理发馆
学习　钟表行
四届八坊格局　茶艺坊
　　　　　　　锁匠坊
　　　　　　　铁匠铺

5. 传统民居
回廊流线
开敞空间
内廊空间
入户流线
关中民居典型平面

6. 元素引用
室内展场
平台空间
中庭院
内院展场
入口流线
入口流线
入口流线
老行当展馆布局
展馆流线示意

民居院落流线分析　空间管道走向

军事廊道·城墙

记忆·希望·方案推导

记忆中的城墙　现实中的城墙　希望中的城墙
军事要塞兵家必争　巷林河塘　服务于民休闲游赏
传统的军事防御体系，反应了13个王朝的沉浮兴衰。　可以让附近展民将生活，娱乐，休闲等活动与之相结合。　出发点
守望城墙　保护城墙　环境发展　古朴苍凉
亲近自然

1. 提升顺城巷道路等级
道路分离　拓宽路面　提高效率　保护城墙　活力点

2. 丰富顺城巷新断面
茶社　棋牌　文化内涵　历史风貌　活力点
活力行走流线

旅馆商站
城墙影院
社会福利机构
老行当展览群展
青少年活动中心
幼儿园
健身广场

行走廊道·街巷

记忆·希望·方案推导

记忆中的街巷　现实中的街巷　希望中的街巷
策马奔腾运送物资　交通堵塞杀罪无人　交通便利不乏活力
颠婚嫁，马道巷，整体军事体系的快速通道。生命之道　人车混行，街道冲突，不良事件的多发地区。　增加活动空间网趣味性，提升环境品质。

2. 街道改进策略
异化
并置
切合　可调控的街道形成街区融合
穿插
跌合　同化

街道演化历程
马车时代　汽车时代　居住社区
步行为主尺度宜人　以车行走快速干线　棋盘布局窄路密网

方案设计说明

① 西安职业中等专科学校　⑩ 廊台活动广场
② 马白龙虹陆服务　⑪ 生活广场
③ 茶楼旅馆　⑫ 生活广场
④ 旅客服务所　⑬ 西安市七十三中学
⑤ 金海商业广场　⑭ 青少年活动中心
⑥ 立体停车楼　⑮ 老行当活动中心
⑦ 商业广场　⑯ 碑林区东六坊小学
⑧ 老年活动中心　⑰ 市场
⑨ 生活广场　⑱ 碑阳门幼儿园

主要经济技术指标一览表

用地性质	用地面积(ha)	比例(%)
总用地	17.03	100.00%
居住用地		
公共设施用地	3.66	21.49%
商业金融业用地	1.92	11.28%
文化娱乐用地	3.02	17.73%
教育科研设计用地		
道路广场用地	5.14	30.18%
市政公用设施用地	3.36	19.73%
绿地		6.49%
道路用地		
其中 广场用地		
建筑总面积	16.247万m²	
容积率	2.16	
建筑密度	40.36%	
绿地率		
停车位	502个	

设计说明
该设计位于西安新城区域城墙脚下，通过探索低碳生态，改建老建筑，创立立体交通廊道，旨在解决矛盾，营造适于人们共享的城市休闲公共空间。

规划框架分析

建筑质量规划图　开敞空间规划图　景观结构规划图　用地布局规划图　功能结构规划图

保留建筑　活动区　主要节点　居住用地　主要节点
修缮建筑　医院　次要节点　服务设施用地　次要节点
改建建筑　开敞空间　　　中等学校用地　景观发展轴
新建建筑　生活广场　　　中小学用地　生活景观轴
廊道平台　休闲广场　　　图书馆设施用地　生活发展轴
　　　　　　　　　　　　文化活动设施用地　商业发展轴
　　　　　　　　　　　　医院用地
　　　　　　　　　　　　老行当展览用地
　　　　　　　　　　　　社会停车场用地
　　　　　　　　　　　　商业用地

廊趣

顺城巷——西安"古都长廊"又一张新名片

现代商业步行街
北城墙脚下，临近火车站的城门沿线打造现代商业街巷，不仅为临时放客提供出行方便，也为当地居民提供便利。

老年活动中心
该社会福利机构的设立，不仅为留守老人提供休闲娱乐的交流场所，也为书画基地的国粹发扬提供便利场所。

银幕广场
该广场是整个基地廊道平台的节点，以多种高低错落的平台搭接，为附近居民和游客提供娱乐、观赏电影的开阔空间。

老行当展馆
城墙脚下的老行当、老手艺人集中于该展馆，不仅为保留传统民间技术活，也为游客提供参观体验活动。

青少年活动中心
该活动中心位于中学和小学之间，同时配建有室外轮滑广场，为青少年提供运动场地，释放青春活力。

廊道作用分析

双廊围合
直廊引导
回廊穿插
折廊连接

平面节点示意

活动影像节点

廊道尺度分析

狭窄尺度
舒适尺度
开敞尺度

低碳节能分析
太阳能热水器
太阳能照明系统
住宅通风系统
可回收垃圾系统

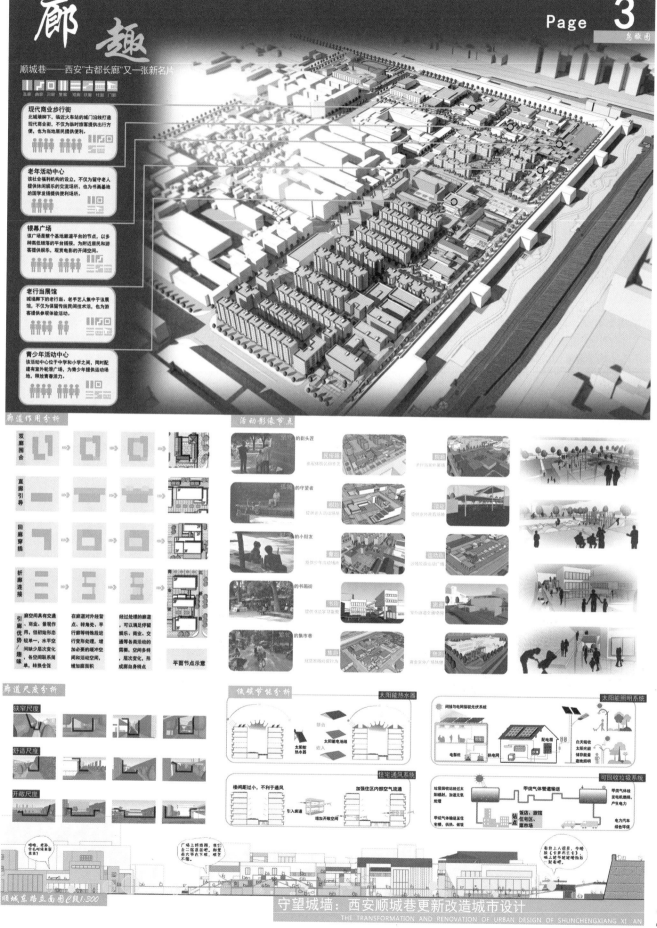

顺城东路立面图 E段 1:300

守望城墙：西安顺城巷更新改造城市设计
THE TRANSFORMATION AND RENOVATION OF URBAN DESIGN OF SHUNCHENGXIANG XI · AN

佳作奖

"安"守古城，微城"心"生
Micro Town Renewal

指导教师

喻明红

向铭铭

张瑞平

"守望城墙——西安顺城巷更新改造"题目蕴含着深层含义，值得深入思考。题目关键词在"守"、"望"二字。

"守"则为守护。人守护着古城，同样古城也守护着人，二者相辅相成，不可分割。面对六朝古都，历史悠久的顺城巷，一砖一草、一瓦一木都承载着厚重的历史文化，同时也承载着一代又一代人的记忆。我们需要守护什么？怎样守护？或许是古老的城墙，或许是石板流光的街巷，或许是长满老茧的大树……在今天大规模的旧城改造运动中，取与舍，进与退，关乎着大众的切身利益和城市的发展，关系到中国历史文化的传承，在设计中，思考如何守护我们需要守护的载体，尤为重要。

"望"则为看，即观赏。古城作为当代居民生活的场所，作为西安的名片，应具有可看性、休闲性。那么望的主体是谁呢？当属居民和游览者，居民包括原居住民和外来商人。该"望"不应是简单地进行物质空间环境改造，而是要让作为居民的原居住民能有舒适的生活空间，望得见生活环境的改善，让商人能望得见商机；同时，也能让游览者望得见城墙，望得见具有西安风俗民情的传统街巷。

因此，我们在进行顺城巷改造时，应利用低碳等手法，营造一个既满足现代人生活功能需求，同时又具有历史文化氛围的地方场所。

参赛学生

敬俭

徐恺阳

罗嘉霖

赵旭

西安，六朝古都，同时也是世界的四大古都之一，沉淀了无数的记忆与文化。在这块具有深厚的历史底蕴的土地上进行规划，需要充分考虑当地的文化特色与对历史的保护与延续。规划的地块位于西安古城墙内侧，且位于城墙脚下。在实地的调研、勘察中，我们发现：规划地块内部主要为居住建筑，且具有一定年代，道路狭窄而曲折，具有老城区的一切特色与纹理。为了延续规划地块的现有肌理，更是为了改善当地居民的生活，避免大拆大建对当地居民生活带来的巨大影响，我们仅对紧贴城墙脚下一带的棚户房进行拆除，并以之作为古街，展示古西安的风貌。同时，着重处理居住建筑之间的围合区域，打造宜人的交流空间，提升当地居民的生活环境。当地居民作为"墙内的人"，对陪伴他们一生的城墙都具有深厚的感情。通过对城墙投影等技术的应用，加强了人们与城墙的交流与互动。这里的人们已如守护西安世代的城墙一样，深深扎根在这片养育他们的土地上。墙内的世界就宛如另一座城市，一座讲述着自己辉煌过去的历史的小城。这也是我们设计的题目——"安"守城墙，微城"心"生的来源。在这个墙内的"微城"，人们静静生活在古城墙脚下，无言地述说着历史，世世代代，陪伴彼此。

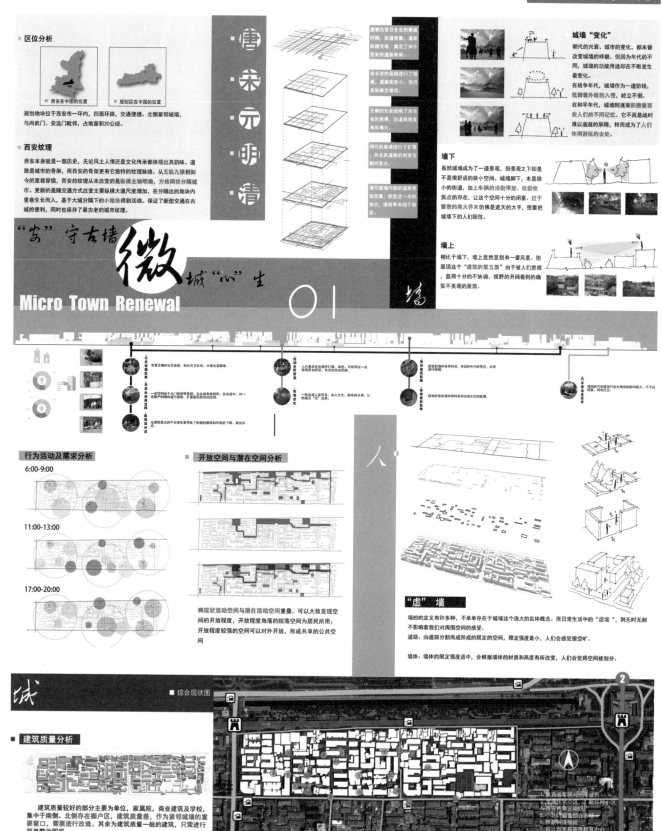

■ 区位分析

规划地块位于西安市一环内，四面环路，交通便捷。北侧紧邻城墙，与尚武门、安远门毗邻，占地面积20公顷。

■ 西安纹理

西安本身就是一部历史，无论风土人情还是文化传承都体现出其韵味。道路是城市的骨架，而西安的骨架更有它独特的纹理脉络。从五纵九横到如今的里巷穿插，西安的纹理从未改变的是纵横走轴明确，方格网状分隔城市。更新的是随交通方式改变主要纵横大道尺度增加，在分隔出的地块内里巷生长而入，基于大城分隔下的小地块得到活络。保证了新型交通在古城的便利，同时也保存了最古老的城市纹理。

唐・宋・元・明・清

"安"守古墙

微

城"心"生

Micro Town Renewal

01

墙

唐朝为昔日长安的繁盛时期，街道密集，道路纵横交错，奠定了如今西安的道路骨架。

宋长安的规模进行了缩减，道路尺度小，但仍呈纵横交错状。

元朝的长安延续自宋长安的规模，但道路密度有所增大。

明代的城墙进行了扩展，并且其道路的密度也相对增大。

清代城墙内部的道路更加完善，密度进一步的加大，道路骨架趋于稳定。

■ 城墙"变化"

朝代的兴衰、城市的变化，都未曾改变城墙的样貌，但因为年代的不同，城墙的功能用途却在不断发生着变化。

在战争年代，城墙作为一道防线，抵御着外敌的入侵，屹立不倒。在和平年代，城墙则逐渐积累着西安人们的不同记忆，不再是那难以逾越的屏障，转而成为了人们休闲游玩的去处。

■ 墙下

虽然城墙成为了一道景观，但景观之下却是不甚舒适的狭小空间。城墙脚下，本是狭小的街道，加上车辆的沿街停放，垃圾收集点的存在，让这个空间十分的闭塞。过于繁密的高大乔木仿佛是遮天的大手，想要把城墙下的人们困住。

■ 墙上

相比于墙下，墙上显然是别有一番风景。但屋顶这个"建筑的第五面"由于被人们忽视，显得十分的不协调。视野的开阔看到的确实不美观的屋顶。

佳作奖

行为活动及需求分析

6:00-9:00

11:00-13:00

17:00-20:00

开放空间与潜在空间分析

将现状活动空间与潜在活动空间重叠，可以大致发现空间的开放程度，开放程度较低的院落空间为居民所用；开放程度较强的空间可以对外开放，形成共享的公共空间

人

"虚"墙

墙的定义有许多种，不单单存在于城墙这个庞大的实体概念。而日常生活中的"虚墙"，则无时无刻不影响着我们对周围空间的感受。

道路：由道路分割而成形成的限定的空间，限定强度最小，人们会感觉很空旷。

墙体：墙体的限定强度适中，会根据着墙体的材质和高度有所改变，人们会觉得空间被划分。

城

■ 建筑质量分析

建筑质量较好的部分主要为单位，家属院，商业建筑及学校，集中于南侧。北侧存在棚户区，建筑质量差，作为紧邻城墙的重要窗口，需要进行改造。其余为建筑质量一般的建筑，只需进行简单整改即可。

■ 建筑层数概况

建筑层数总体北低南高，东西向高低错落更显美感，五层至七层建筑主要位于中部和南部。各层数不一的建筑群较为集中，形成强弱不一的围合性空间。

■ 综合现状图

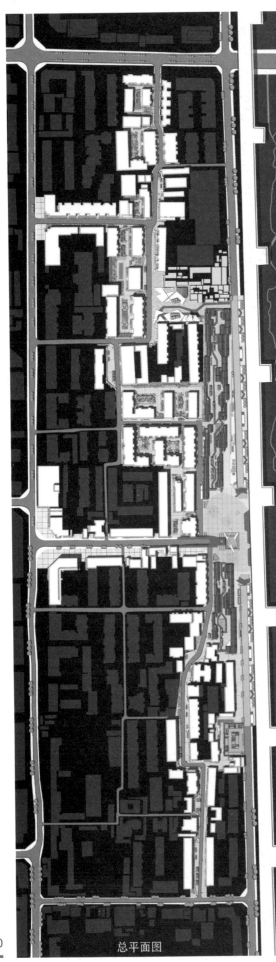

总平面图

空间"改造"

■ 院落：现状院落质量不佳，没有供人交流的环境。根据四合院、弄堂的思想，在院落中摆放一定的休憩设施，让人们集中

■ 里弄：现在的里弄有许多违章搭建的棚户，且环境不佳。对违章的棚户进行拆除，种植面积小，形态低矮的灌木，改善里弄的环境，将绿色深入每个角落。

■ 街道：主要街道的某些地段被垃圾收集点侵占，在将垃圾收集点外迁后，进行打造，供外部游人和内部居民交互的游憩场所。

■ 屋顶：建筑的第五面，可对屋顶进行绿化，进行处理后，种植侵蚀性较弱的植物。做到美观与低碳两不误。引入"屋顶农场"，"阳台菜园"。在绿化的同时，可以满足居民对于蔬菜的需求，培养个人兴趣。

墙体改造——矮墙

某些地段的墙体围合性过强，在保证内部居民的安全下，可以融入"城墙"的元素，高低错落的"城墙"，丰富了地块内部的街道景观，同时"隔而不断"。

空间改造方法

空间的限定需要有物体，但违章棚户对于公共空间的占用是不合理，我们对违章棚户拆除后，去处了公共空间的不和谐因素，之后根据院落环境，植入派合居民停留交互的舒适公共空间环境，做到"宜居""低碳""乐活"

微 城"心"生 "安"守古墙

Micro Town Renewal

02

载 走 西 按

墙 下 乐 活

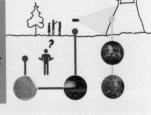

现代技术与古代载体的结合——城墙投影

城墙的特点是具有高大的墙体，但墙体往往被我们认为是隔断外界的东西。但墙更像是一个大型的幕布，幕布上可以呈现各种图片、影像。因此我们决定仿效南京，将"城墙投影"融入到西安的古城墙上，人们"守望城墙"，观赏影片的同时，不会对城墙造成破坏。

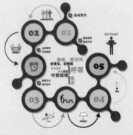

前期分析中对于墙的划分对于理念的深入极为重要，我们根据"建筑"这道墙所围成的院落空间进行了改造；根据道路两旁"墙"所营造的环境进行了"城墙"理念的植入；根据道路这个划分强度最弱的空间，我们对里弄、街道进行了改造，使它们变得更加亲和人的内心，给人们驻足欣赏周围环境，进行相互交流的理由。基础分析过后，我们同样积极思考，加入了"城墙投影"这个理念。我们不愿让这里变成商业气息浓厚的地区，我们更希望让古城的记忆在这里永存。

100

"安" 守古墙 微城 "心" 生

Micro Town Renewal

① "尚" 古街景：

古街以"尚"为名，吸取城门节律，形成集多种性质为一身的街区。不同的街区所涉及商业类型不一，满足多种需求。同时也让空间动静分隔，减小对内部居民生活的影响。古街以街内特色商户吸引游客，营造出古今融汇，错落有致的绝美街景。古街内的建筑是包容古今纹理的新微城。带状的公共空间为当地居民和外来游客提供必要的活动场所，同时也是当地文化再生的体现。

② 走市溯古：

溯古走市灵感来于古代开市制度，控制开市时间，将有限的空间在时间维度上进行扩展。开市时，卖货郎挑担，推车坊吆喝做生意，为周边住民提供生活必需品，也为游人提供特色食粮。闭市时，卖货郎离开，居民享有这一片开阔的空间进行娱乐，达到空间最大化利用。走市展示了生活脉络，也融入了历史内涵。

③ 吟望广场：

吟望广场位于城根一侧地块黄金分割比点处。广场上的人行古道，抬高了视点，能更舒适完整的欣赏城墙。广场一侧为声色坊，有秦腔皮影等声色表演。城墙作为古色古香的幕布，为投影提供了载体，将人们的视线牵引到了城墙之上。让居民和游人不仅守望了城墙，更守望了生活和历史。

④ 微墙慢道：

尺度不大的行道在地块内占有很大比例，原有的道路缺乏照明绿化，硬围合过强。而加入了微墙之后，围合感降低，错落有致，融入绿植活化空间，让行道更加丰富有趣，吸引了更多目光到微墙所隔的空间里，让游人从视觉上体验当地生活，让居民拥有更开阔的视线，微墙让视线相互交流，进行空间对话，降低了交通速度却没有降低交通量。再通过线型道路串联各部形成微墙慢道体系。

⑤ 空间对话：

"微墙理念"是对城墙定义的升华。让城-墙-人之间有更紧密的联系。软围合使空间更开敞，配合绿墙营造优美环境的前提下，让空间相互对话，游人有更优越的条件欣赏到淳朴西安人的恬淡生活。而整个带状空间又与城墙相辉映，整条道路的起结开合都围绕着城墙展开，穿行在改造后的院落空间，漫步小道，无处不是西安特色。

⑥ 空间一角：

原有的院落空间里，缺乏的是各自的特色和纹理。而新成的空间，通过拆除部分附属建筑和借助微墙体系，扩大了院落空间，并在其中附属建造一些极具当地特色的实用小品，加入符合该空间的配套设施辅以铺装成为独特丰富的空间，即是特色微城。

03

设计结构

从人的活动聚集点出发，在满足心理需求的前提下辅以实、虚墙完成引导及阻隔，把现有空间作为基础，构架出新型空间"微城"以满足多元化的空间需求，借此完成空间更新和补充。通过汲取文化的精髓，为人、墙、城各部分赋予内涵，立体交错后生成新型公共空间结构。可以说，这种"微"结构体现的，是几人交互的小空间，也是几万人生活的大空间。

古都乡愁的保护与新生
The Protection and Renovation of The Ancient City Nostalgic

指导教师

董茜

顺城巷地区是《西安历史文化名城保护规划》确定的明城墙内侧的历史风貌保护区，在城墙中扮演着重要的纽带角色。全长 13.7 公里，是城墙重要组成部分。顺城巷地区的历史文化遗存和底蕴十分丰厚，不仅有南门景区、书院门历史文化街区、关中书院等大量历史文化遗存，还散落着众多老街巷、旧民居，旅游、文化、文物资源丰富。

本方案前期通过实地调研、资料查阅的方式对西安顺城巷现状的区位、文脉、用地性质、建筑质量、建筑体量、建筑高度、道路布局、公交线路、绿化状况、环境质量、巷道空间等进行了综合全面的分析，确定了顺城巷改造、新生的方向——集城市文化旅游、历史文化环境保护、适度居住、休闲娱乐于一体的具有传统古建筑风貌的富有人性化的乡愁浓郁的开放、包容、绿色、共享的慢行城市空间，要将顺城巷打造成西安的城市名片。以此入手，运用珠链理论和低碳节能技术，对顺城巷的文化旅游、建筑功能、道路系统、公共空间、商业模式赋予新的生机和活力，让顺城巷作为西安的表情，表达着城市的内心底蕴。

本方案在遵守古城墙、传统民居保护的基础上探讨了传统民居街巷与其的互动性和流通性，提出保护与更新的可行性的措施，最终实现顺城巷的可持续发展。

参赛学生

张继龙

杨天鹏

祝希

丁晓婷

乡愁是千年的守望，乡愁是百年的坚持，乡愁是三十年的行动，乡愁是中华五千年的历史文明。本方案设计的出发点是通过对西安顺城巷进行改造新生、植入现代化的设计理念和现代化的低碳节能新技术，来保护西安的传统风貌，让其历史文化能够延续，让古城更能够经得住岁月的长期考验，为西安人、为中国人留下乡愁。

前期通过实地调研、资料查阅的方式对西安顺城巷现状的区位、文脉、用地性质、建筑质量、建筑体量、建筑高度、道路布局、公交线路、绿化状况、环境质量、巷道空间等进行了综合全面的分析，确定了顺城巷改造、新生的方向——集城市文化旅游、历史文化环境保护、适度居住、休闲娱乐于一体的具有传统古建筑风貌的富有人性化的乡愁浓郁的开放、包容、绿色、共享的慢行城市空间，要将顺城巷打造成西安的城市名片。以此入手，运用珠链理论和低碳节能技术，对顺城巷的文化旅游、建筑功能、道路系统、公共空间、商业模式赋予了新的生机和活力，让顺城巷作为西安的表情，表达着城市的内心底蕴。

古都乡愁的保护与新生 01
The Protection And Renovation Of The Ancient City Nostalgic

乡愁是千年的守望 乡愁是百年的坚持 乡愁是三十年的行动 乡愁是中华五千年的历史文明

The Historical Evolution 历史沿革

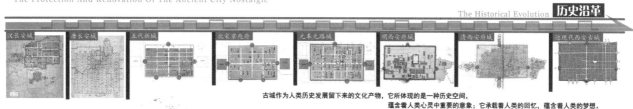

汉长安城　唐长安城　五代新城　北宋京兆府　元奉元路城　明西安府城　清西安府城　近现代西安古城

古城作为人类历史发展留下来的文化产物，它所体现的是一种历史空间，蕴含着人类心灵中重要的意象；它承载着人类的回忆，蕴含着人类的梦想。

区位分析 Locational Analysis

被遗忘的顺城巷
犹如城市孤岛

西安于陕西位置　　老城区于西安位置　　基地于老城区位置

用地性质分析 Analysis Of The Nature Of Land

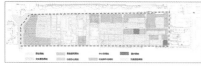

居民楼，属于建筑质量较差建筑

建筑质量分析 Analysis Of The Construction Quality

建筑质量较好　建筑质量一般　建筑质量较差

中国建筑西北设计研究院，属于建筑质量一般建筑

西安华山国际酒店，属于建筑质量较好建筑

文脉分析 Analysis Of Cultural Context

历史文化
1981年联合国教科文组织把西安确定为世界历史名城。西安与雅典、罗马、开罗并称为世界四大古都，从公元前11世纪到公元10世纪左右，先后有13个朝代或政权在西安建都及建立政权，历时1100余年，西安的有极为丰富的历史遗存，是中国历史上建都时间最长、建都朝代最多、影响力最大的都城，是中华民族的摇篮、中华文明的发祥地、中华文化的代表。悠久的历史文化积淀使西安享有"天然历史博物馆"的誉。

宗教文化
在其深厚的历史文化积淀使西安宗教文化有很重要的地位。西安宗教文化底蕴深厚，宗教文化特色鲜明。佛教、道教、伊斯兰教、天主教、基督教五大宗教在西安市并列，都对中华民族影响深所固的孔孟儒家思想，也有土生土长的道教，有外来的佛教、伊斯兰教，更有名目繁多、具有几千年历史传统的中国民间信仰和风俗习惯等。

古建筑文化
西安的古代建筑不论在结构上，还是形式风格上，始终是承前启后，一脉相传、保持着一贯完整的中国古建筑体系，具有独特的风格和鲜明的特征，在世界建筑体系中独树一帜。

红色文化
西安在中国近现代历史上扮演过重要角色，在新民主主义革命、尤其在抗日战争和解放战争期间作出了重要贡献，在新时期红色文化建设格局中彰显了自己的价值和地位。

设计说明 Design Description

二十年中国看深圳，一百年中国看上海，一千年中国看北京，而五千年中国则看西安。西安作为世界四大古都之一，全国历史文化名城，其地位非同一般。顺城巷作为一个城市遗忘的焦点，需要注入的活力，本设计的出发点是通过顺城巷的改造新生保护西安的传统风貌，让其历史文脉能够延续，同时在设计中运用到一些低碳节能的技术和方法，将慢行系统融入设计中，让古城能够经得住岁月的长期考验。

建筑体量分析 Analysis Of The Size Of The Building

大型建筑　中型建筑　小型建筑

建筑长度超过60米为大型建筑，建筑长度在40～60米之间为中型建筑，建筑长度小于40米为小型建筑。基地内大体量建筑主要分布于基地的东侧和西侧，以公共建筑为主，提供基地内的基础服务，建筑质量较好。部分建筑质量较差，后续设计中应当予以拆除或改建。

现状高度分析 Analysis Of The Building Height

高度9米以内　高度12米以内　高度15米以内
高度18米以内　高度21米以内　高度24米以内

现状道路分析 Analysis Of The Path Situation Precently

城市主干道　城市次干道　城市支路　胡同　地下轨道

公交线路及站点分布 Bus Line and Site Distribution

705路公交线路及站点分布　231路公交线路及站点分布　511路公交线路及站点分布
703路公交线路及站点分布　712路公交线路及站点分布　公共站点

旅游文化
西安的旅游资源得天独厚，从100多万年前旧石器时代的蓝田猿人，到六、七千年前的新石器时代的半坡村遗址，西安旅游业发展迅猛，旅游设施不断完善，旅游业已成为西安市真正的支柱产业和先导产业。西安市还首批获得"中国优秀旅游城市"称号。

世界遗产文化
世界文化遗产是全人类的共同财富，西安的秦始皇陵及兵马俑、汉长安城未央宫遗址、唐长安城大明宫遗址、大雁塔、小雁塔、兴教寺塔等六处为世界文化遗产。

丝绸文化
西汉时期，汉武帝派遣张骞出使西域，正式开辟了以长安为起点，联结欧亚大陆的通道"丝绸之路"，从此，中国的使臣、商贾和中亚、西亚、南亚各国的使节客商往来络绎不绝，中外商业贸易迅速发展，文化交流日趋活跃，友好往来不断深，长安成为东方文明的中心。

饮食文化
饮食本身就是一种文化。走在西安的大街小巷，随处可见的泡馍馆、凉皮店不仅是简单的美食，更化为乡土的味道深入人心。西安的饮食文化之博大精深与其历史悠久有很大关系。其饮食文化更多表现为皇室文化、帝王文化、宫廷文化和地域文化。吃西安的饮食和小吃，实际上也是在品读西安的历史和文化。

绿化分析 Analysis Of The Afforested Area

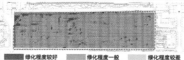

绿化程度较好　绿化程度一般　绿化程度较差

现状调查分析 The Investigation Of Situation Currently

以往对顺城巷的更新改造缺少公众参与环节，对居民的因素关注不够，继而居民成为"弱势群体"而被边缘化。在本次调查中居民填写了96张有效问卷，男女老幼分布于各个年龄阶段，他们的态度将会影响到顺城巷的可持续发展。

由于地段的环境质量和基础设施较差，相当一部分人对该地段不满意，"满意、不满意、一般"这三个选项带有一定量化的标准，从一定的程度上客观地反映了居民的心理，地段需要改造是大多数居民迫切的愿望。

由上图可以看出居民还是喜欢于院落式的传统住宅方式，这样便于邻里交往与互助，便于室外活动、安全居。居民希望一直住在祖祖辈辈居住的地方，他们对浓浓的乡愁有着深深地眷恋。

巷道空间分析 Analysis Of The Street Space

基地内的生活性街巷D/H值在0.3---0.5。对于街道的形态统一，最重要的是建筑物看起来呈面状而非块状，当建筑的空间感非常强烈时，建筑就是现块状。所以适当的D/H比值可以突出空间的鲜明特性，在能满足道通道路功能的同时，也能满足人们的视觉享受，使得建筑空间不显得单调无味。

顺城巷居民生活风貌
The Residents's Livelihood Of Shuncheng Street

城墙下祖孙二人　街边修车铺
街边理发　清晨的市井
社区内早市　棋牌娱乐

基地现状环境分析 Analysis Of The Environmental Actuality

90年代后顺城巷改造情况
The Innovation Status Of Shuncheng Street During The '90 s

改造时间	改造内容	改造中存在的问题
1983年	1983年4月1日始西安环城建设工程是对西安城墙的第三次全面整修，本次修缮拆除了城墙墙外5米直到护城河岸的地方的违建筑物。拆城了城墙外侧的96家工厂和1005户居民。	这次修复只表现在注重文物主体保护，而对文物建筑周围环境调等方面注重不够，没有规定明确的保护范围。
1985年	1985年底，城墙东、南、西三面已经完全贯通。另外还清理了部分淤积、角缝和一部垃圾，护城河道进行了200年的部分淤疏挖出，护城河经过扩宽修建，死城变活水。护城河的库容量也从40多万立方米恢复到100多万立方米。	
2004年 2008年	西安顺城巷改造主要在一定程度上恢复其原有的古城风貌及特有的文化传统，保护了古城墙周边的文物、老街区、古民居等，其次是通过整个城墙内环线，将城墙内侧的所有景观串连起来；改造城墙边的脏、乱、差的部分环境，重塑传统的城市形式，建造一些真正与古城协调的建筑。	这次改造只停留在沿街20米的表面改造上，没有考虑整个个人居环境。所以也是不成功的。

守望城墙：西安顺城巷更新改造

珠链肌理 Bead Chain Texture

自然界原型——珍珠 / 原型抽象 / 优化组合 / 划分控制 / 串连成链

理念设计 The Design Concept

"珠链理论"来自经济学"珠链实战营销模式"。整个顺城巷犹如一条"链绳"，古城内的历史古迹、文物遗址、景点等就像一盘散落而孤寂的"珍珠"，顺城巷将它们一一连起来，环环相扣，形成集聚效应，从而让古城闪耀出珠宝般夺目的光芒。

"珠链"理念重视强化传统风貌及历史文化，每一粒"珍珠"都拥有区别于其他"珍珠"的独一无二的特征，这一特征既是古都历史文化、人文景观的不同体现。

上位规划引导 The Planning Guide

逻辑梳理 Logic Analysis

活动空间需求分析
Analysis Of Activity Space Requirements

人群需求 The Crowd Demand

视觉语境分析——城市名片效应
Analysis Of The Visual And The Context

西安城墙知名度

加强与周边的联系　西安城市名片　引入人流

商业业态组合和附加值的挖掘
The Discovery Of Business Combinations And Added Value Found

目标消费群消费水平　·客户消费行为

·商业关系　·建议模式

The Planning Stage　分期规划

理想的公共空间 The Ideal Of Public Space

彼此联系　相对开放　设施齐全　充满活力

理想的慢行系统 The Ideal Of Slow System

安全畅通　便于转换　人性化设计

古都乡愁的保护与新生 02
The Protection And Renovation Of The Ancient City Nostalgic

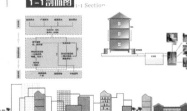

建筑高度控制线

1-1剖面图 1-1 Section

屋顶雨水改集系统

2-2剖面图 2-2 Section

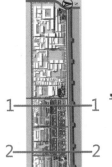

佳作奖

建筑是城市的表情　表达着城市的内心底蕴

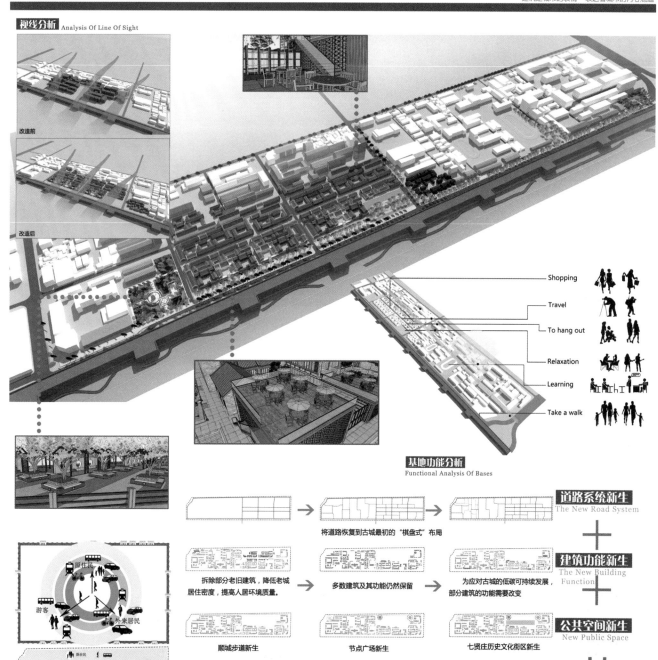

视线分析 Analysis Of Line Of Sight

改造前

改造后

基地功能分析
Functional Analysis Of Bases

Shopping

Travel

To hang out

Relaxation

Learning

Take a walk

低碳出行
Low Carbon Travel

原住民

游客

外来居民

道路系统新生
The New Road System

将道路恢复到古城最初的"棋盘式"布局

拆除部分老旧建筑，降低老城居住密度，提高人居环境质量。

多数建筑及其功能仍然保留

建筑功能新生
The New Building Function

为应对古城的低碳可持续发展，部分建筑的功能需要改变

顺城步道新生

节点广场新生

七贤庄历史文化街区新生

公共空间新生
New Public Space

古都乡愁的保护与新生 **03**
The Protection And Renovation Of The Ancient City Nostalgic

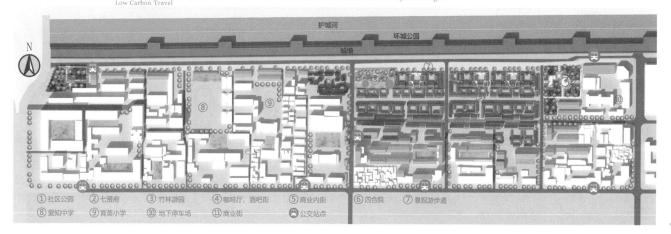

护城河

环城公园

城墙

① 社区公园　② 七贤府　③ 竹林游园　④ 咖啡厅、酒吧街　⑤ 商业内街　⑥ 四合院　⑦ 景观游步道

⑧ 爱知中学　⑨ 育英小学　⑩ 地下停车场　⑪ 商业街　🚌 公交站点

古城时空流体
——空间句法视角下的空间形态与自组织行为间的关系

指导教师

陈宙颖

顺城巷在近四五十年因为避开了房地产开发的风潮，避开了现代开发的侵蚀，在古城面貌日新月异的时候形成了自己独特的文化氛围。

西安城墙具有悠久的历史，其对古人而言具有重要的文化意义，然而作为城墙下生活的重要承载地——顺城巷却成为藏污纳垢之地，顺城巷有其独特的文化氛围，第一块地以集体住宅以及浓厚的社区气氛为特色成为顺城墙一道独特的风景线，综合其现状问题，重点整合其生活空间，以点线面的空间句法分析理论问基础，探索其空间与自然运动之间的关系，以通过空间整合活化延续顺城巷活力社区空间的空间魅力，提供休闲慢行系统。

设计在对地块的区位、交通、居住现状、人口结构及其变迁、背景文化、居民活动改变等方面进行了现状分析，用空间句法的理论，以点成面，以面带线，包括以下三个方面：

1. 流体层面（生成交通系统），此层面着重整个区域的规划，协同周边其他成熟景点，将人群引入。

2. 空间使用层面（居住活动点生成），此层面着重街巷尺度及形式的营造，为居民提供良好的交往环境。

3. 行为活动层面（活力公共空间生成），通过空间句法的分析手段，通过视线渗透分析，轴线图，及凸空间重组，形成活力空间点。

通过以上三个方面的设计手段来整合发扬自身区域特色，达到活化区域的目的。

参赛学生

马卉

强召阳

王磊心

杨华荣

西安城墙具有悠久的历史，其对西安而言具有重要的文化意义，然而作为城墙下生活的重要承载地——顺城巷却成为西安藏污纳垢之地。顺城巷有其独特的文化氛围，第一块地以其集体住宅以及浓厚的社区气氛为特色成为顺城巷一道独特的风景线，综合其现状问题，重点整合其生活空间，以点线面的空间句法分析理论为基础，探索其空间与自然运动之间的关系，以通过空间整合活化延续顺城巷活力社区空间的空间魅力，提供休闲慢性系统。以个人行为为点，不同的空间环境产生不同的区域活力区域，最后以点串联，形成本慢性系统的设计，分为三分层面，分别是流体层面、空间使用层面以及行为活动层面，主要以从上到下的规划方向，重点关注改善区域内居民的邻里关系，生活状态以及交往状态。

简短的两个多月，从方案的雏形到最后确定方案，整个团队都是精神高度集中，不断地收集资料，不断修改；即使有时候因为观点不同，争个面红耳赤；但最后静下心想想，这样的讨论还是很有意义的。一个队伍最大的优势莫过于团结协作，扎实的基础，这样才有必胜的把握。

古城时空流体

——空间句法视角下的空间形态与自组织行为间的关系

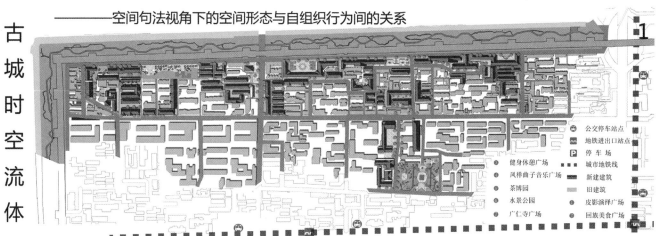

图例：
- 健身休憩广场
- 风祥曲子音乐广场
- 茶博园
- 水景公园
- 广仁寺广场
- 公交停车站点
- 地铁进出口站点
- 停车场
- 城市地铁线
- 新建筑
- 旧建筑
- 皮影演绎广场
- 回族美食广场

区位分析

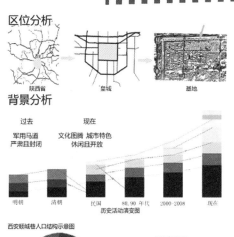

陕西省　　集城　　基地

背景分析

过去　　　现在

军用马道　文化图腾　城市特色
严肃且封闭　休闲且开放

明朝　清朝　民国　80、90年代　2000-2008　现在

历史活动演变图

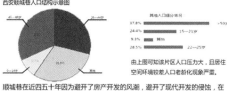

西安顺城巷人口结构示意图

其他人口分类情况
- 37.8%　>50岁
- 24.4%　15-21岁
- 9.3%　其他
- 28.5%　22-25岁

由上图可知该片区人口压力大，且居住空间环境较差人口老龄化现象严重。

顺城巷在近四五十年因为避开了房产开发的风潮，避开了现代开发的侵蚀，在古城面貌日新月异时候形成了自己独特的文化氛围，仿佛避开了时间的侵蚀。

设计说明

西安城墙具有悠久的历史，其对西安而言具有重要的文化意义，然而作为城墙下生活的重要承载地——顺城巷却成为了西安藏污纳垢之地。顺城巷有其独特的文化氛围，第一块地以其集体住宅以及浓厚的社区气氛为特色成为顺城巷一道独特的风景线，综合其现状问题，重点整合其生活空间，以点线面的空间句法分析理论为基础，探索其空间与自然运动之间的关系，以通过空间整合活化延续顺城巷活力社区空间的空间魅力，提供休闲性慢系统。

调研分析

街巷尺度传统，有些具有良好的尺度感，有些则过于压抑
居民自发对于巷道的绿化丰富了巷道景观，形成了独特的街边风景

顺城巷绿化良好，与周围民居尺度协调，街道空间感受良好
由于缺少停车场，街边占道停车较多

街巷凹凸产生的阴角空间促进了居民公共活动的发生
社区环境良好，人们公共活动频繁，社区活力十足

自建加建较多，多为街边商业行为所用，建筑环境较差，且建筑质量堪忧

顺城巷公共环境较差，存有较多垃圾站及汽车修理铺，严重影响了顺城巷的风貌

现状分析

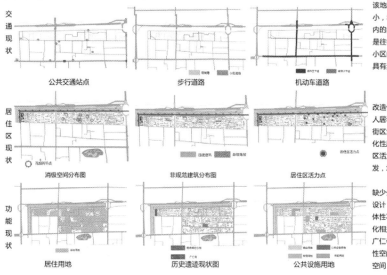

交通现状

公共交通站点　　步行道路　　机动车道路

居住区现状

消极空间分布图　　非规范建筑分布图　　居住区活力点

功能现状

居住用地　　历史遗迹现状图　　公共设施用地

该地段内机动车行车量较小，场地内属于居住区内的步行道路较多，但是往往被街边停车占道小区内街巷尺度较好，具有步行氛围

改造仅限于表皮，内部人居环境未能得到改善，街区业态和街道历史文化性质的融合度不够街区活力未能得到有效激发，均存在消极空间

缺少公共空间和人性化设计，街区利用率不够整体性不强，缺少宗教文化相关产业，较孤立。广仁寺周边顺城巷以线性空间为主，缺少开放空间

规划理念

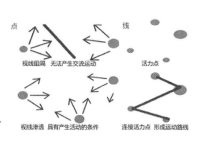

点　　　　　线

视线组隔 无法产生交流运动　　活力点

视线渗透 具有产生活动的条件　　连接活力点 形成运动路线

面

视线方向单一 较难产生自发性活动

空间无视线死角 较易产生聚集状态

空间句法与自组织行为间的关系

以个人行为为点，不同的空间环境产生不同的区域活力区域，最后以点串联，形成一套慢性系统的设计，分为三分层面，分别是流体层面空间使用层面以及行为活动层面，主要以从上到下的规划方向，重点关注改善区域内居民的邻里关系，生活状态以及交往状态。

基于空间句法的空间形体与自组织行为的再生

古城时空流体

流体层面

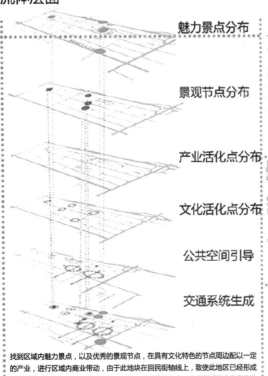

魅力景点分布

景观节点分布

产业活化点分布

文化活化点分布

公共空间引导

交通系统生成

找到区域内魅力景点，以及优秀的景观节点，在具有文化特色的节点周边配以一定的产业，进行区域内商业带动，由于此地块在回民街轴线上，致使此地区已经形成一定的回族产业，利用公共空间引导，将人群引致地块内，火花顺城巷产业及旅游

空间使用层面

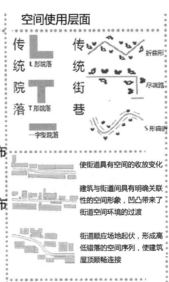

传统院落

传统街巷

L形院落

T形院落

一字型院落

折曲形

尽端路

S形曲折

使街道具有空间的收放变化

建筑与街道间具有明确关联性的空间形象，凹凸带来了街道空间环境的过渡

街道顺应场地起伏，形成高低错落的空间序列，使建筑屋顶顺畅连接

居住活力点生成

通过对关中民居院落形式以及街巷形式的提取，结合地块舒适的街巷尺度，以及产生自然行为的积极空间，将部分消极居住空间通过以上三种解决方式有效组合，营造不同的街巷空间及院落形式，为居民生活提供良好的交往环境。

形成转折的街巷平面，阻断人的视野同时在不同的区段显示不同的空间

属于半公共半私密的空间，尽端如同自家小院，带着浓郁的生活气息

S形曲折增强了街巷平面的韵律，丰富了街巷空间，给人带来视觉的隐与显，丰富街巷层次

绿化
建筑
巷道

几种不同的居住院落设计提供了不同的传统院落及巷道空间。

凸空间重组

行为活动层面

视线渗透

轴线图

活力公共空间生成

交通生成

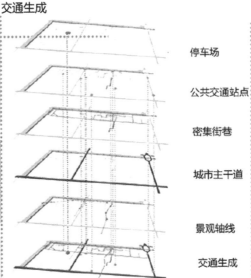

停车场

公共交通站点

密集街巷

城市主干道

景观轴线

交通生成

将停车场置于整个地块以外，将机动车置于慢性系统之外，停车场处配置公共交通换乘点保证区域内交通安全。区域内则延续传统街巷格局，由视线分析、凸空间重组，生成活力点，设置具有当地产业特色的公共空间，形成序列化空间并在居住区内打通道路，密集街巷，采用方格网与城市道路相连，促进整个地块与周边道路微循环畅通。

以皮影、凤翔曲子、木刻年画等传统西安特色文化为主线，形成传统文化游。以此在步行系统上形成一条完整的文化休闲、娱乐、生活线。以皮影讲述杨虎城将军的故事，作文化游起承转合的作用，并且为人们提供丰富的日常娱乐生活，广仁寺则为人们展现佛教文化，最后以木刻年画广场再现药王洞的过去。生动的进行历史再现，为整个文化游的高潮结尾部分。

产业

1 历史文化资源保护建设

通过挖掘历史，将顺城巷的历史文化进行分析，结合西安整体风貌，对现有的资源予以保护，区域规划，并将不同区域用不同的方式还原在现。

2 文化旅游业发展

通过对历史文化的挖掘，将旅游业引入顺城巷，在不同的景点建设属于自己特色的文化产业，并将城墙与之结合，融入传统民居、古老建筑以及周边环境，在现明清风格，给历史街区带来活力。

3 历史文化区域建设

以明清风格为主，根据不同的资源条件赋予不同区域的特定主题，吸引人们穿越古代，感受不同时代的地域文化区。

4 文化创意产业重视

文化产业创意要以其依托的历史文化资源为根基，并利他通过演绎、创意演变出自己的文化商品，打造属于自己的品牌，充分调动当地群众的积极性与参与性，向外人展现自己本土的特色品牌。

5 文化服务体系惠民

依托独特的城墙资源与当地民居，对不同的消费者提供不同住所，规划以城墙与生活为主体，提供完善服务设施，追求高品质生活，打造慢性生活水准。

古城时空流体——基于空间句法的空间形体与自组织行为的关系

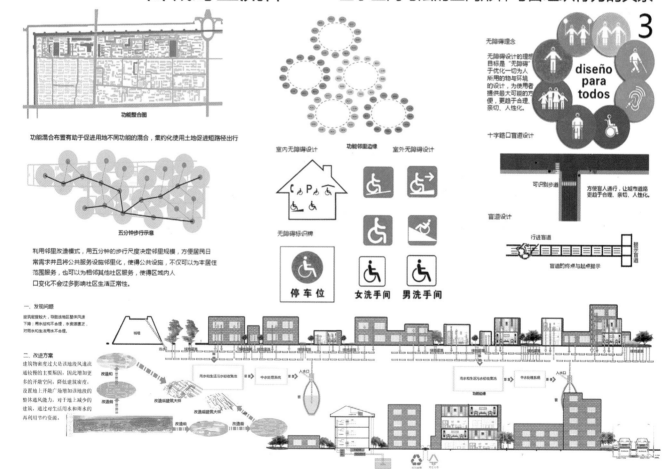

生命之城
——CITY FOR LIFE

指导教师

郭其伟

杨育军

始建于明代的城墙见证着西安这座城市的发展变迁，城墙内外生活的人们默默地书写着这座城市的历史。规划基地位于明城墙内的西北部，药王洞、糖坊街、高阳里这些地名充分地说明了基地悠久的历史。西安近年来城市化进程的加快影响了本区域的发展，原有的用地街巷尺度被新的单位、建筑和道路打破，大量的人流和车流使本地区的交通环境日益恶化，新旧建筑的混杂影响城市的风貌。针对基地现状存在的问题，同学们提出了"生命之城"的设计主题，他们将西安市的发展看做一个生命体的自然生长过程，通过解析城市与生命的共同点，总结出生命的多样化、共生化、平等化和精神化的特征。方案以城市空间为载体，在深入分析和研究现状建设条件、人群构成和社会发展等问题的基础上，将多样化、共生化、平等化和精神化有机地融入基地的空间布局、交通组织、慢性系统、景观体系等方面中。方案整体逻辑结构清晰，以"生命之城"为主线，很好地诠释了城市新旧空间的有机融合，和谐共生，是对西安市旧城区更新改造的有益探索。

参赛学生

赵淑娆

农裕菲

兰科

周皓

蔡赫

　　我们向往一个万物生长、和谐共存的城市生活环境。城市的更新改造便是延续城市的生命力，让人民的生活向往得以实现。生命之城，即把城市作为一个有机体的生长过程来考虑，生命的多样化、共生化、平等化和精神化成为设计的主旨。我们向往城市的发展，憧憬城市让生活更美好，但同时我们也认识到，改变不等于抛弃，特色不等于独立，差异不等于分隔，当人文、情、景与生活穿插，城市的发展让人们的精神感到富足时，我们才敢说，这是生命的城市，这是生命的升华。

　　设计中，我们尽可能在原有的空间形态上进行更新改造：细密如织的步行系统，是对居民休闲漫步需求的响应；思维联动的交通体系，是对低碳出行的落实；连续多样的开放空间，是对不同生命群体的尊重；丰富立体的绿化节点，是对生命城市永恒的追求；原生态生活方式的保留和移植，是对本土文化的延续……乐居、便行、近商、众娱、续文，融入让生命更美好的规划理念，体现在设计的每一个细节中。

≫ 生命的多样化

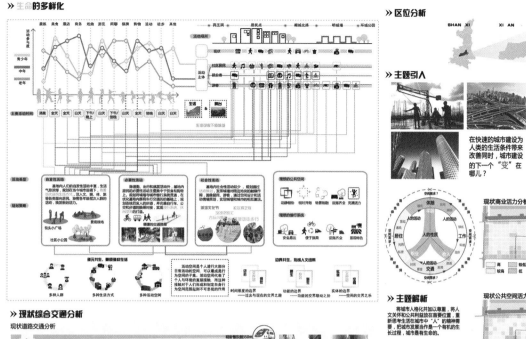

≫ 现状综合交通分析

现状道路交通分析

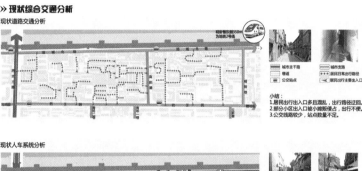

城市主干路　城市支路
巷道
公交站点　居民日常出行路径
居民步行主要出入口

小结:
1.居民出行出入口多且混乱,出行路径迂回。
2.部分小区出入口被小摊贩侵占,出行不便。
3.公交线路较少,站点数量不足。

现状人车系统分析

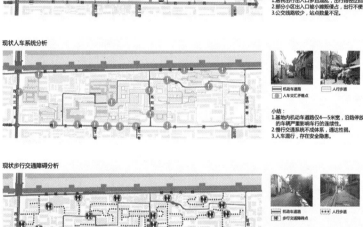

机动车道路　人行步道
人车交汇节点

小结:
1.基地内机动车道路仅4—5米宽,沿路停放的车辆严重影响车行的连续性。
2.慢行交通系统不成体系,通达性弱。
3.人车混行,存在安全隐患。

现状步行交通障碍分析

机动车道路　人行步道
步行交通障碍点

小结:
1.步行系统路径不明确,空间尺度不适,界面感弱。
2.步行系统肌理不清晰,分级不明确,断头路较多。

≫ 区位分析

SHAN XI　　XI AN　　　SITE

≫ 主题引入

在快速的城市建设为人类的生活条件带来改善同时,城市建设的下一个 "变" 在哪儿?

物质空间建设 → 精神文明建设
城市实体建设 → 城市社会建设
生态建设 → 生命关怀
保护自然过程 → 尊重生命现象

未来当城市实体建设趋于缓和,社会建设将变成城市建设的重点,而社会建设的起点和终点都将落在 "人" 之上,由 "人的活动" 而产生的各类城市空间构成和交通组织将串联在 "人" 这一生命主体的周围。

≫ 主题解析

将城市人格化并加以尊重,将人文关怀和公共利益放在首要位置,重新思考生活在城市中 "人" 的精神需要,把城市发展当作一个有机的生长过程,城市是有生命的。

生命的多样化
多彩的活力,生命不息
改变不等于消亡,人的活动的多样,功能的多元,在尊重的前提下进行优化。

生命的共生化
共生的智慧,生命的智慧
特色不等于独立,通过人共生,绿融共生,动静共生使人与历史,与环境,与健康同行。

生命的平智化
平等共享,生命的提权
差异不等于分隔,错落共享,创造社会不同阶层的人群均可使用的空间,弱势人群可以自如进入的空间。

生命的精弹化
精神融合,生命的升华
发展不等于推翻一切的新建,通过对规划的设计领域的更新,延续历史,古城文化,城市肌理与生活情境。

现状商业活力分析图

高　较高　较低　低
商业活力点多集中在基地西侧和南侧,北侧商业点较少,人流量较少,商业活力不明显。

现状公共空间活力分析图

高　较高　较低　低
基地人群公共活动活力点的分布与商业点的分布紧密相关,多沿街,沿巷道空间分布。

现状肌理分析图

基地现状平面肌理较为凌乱,多以窄长形的空间为主,空间变化为单调,没有充分体现出古城西安应有的错落有致、疏密有序的城市肌理。

现状建筑层数分析图

1-2层建筑　3-4层建筑　5-6层建筑　7层以上建筑
现状建筑以5、6层的住宅建筑为主,基地北侧多为1-3层的建筑,拆迁难度较小。

现状建筑质量分析图

一类建筑（造型丰富,立面精致）　二类建筑（造型简洁,外观整齐）　三类建筑（造型单调,结构不良）
现状建筑多为砖混结构,外观灰暗,部分低层砖结构建筑外观破败,影响城市形象。

CITY FOR LIFE　生命之城

商业空间　　　　　　　　公共活动空间

街、道、巷空间

佳作奖

》生命的共生化

□ 绿、廊共生

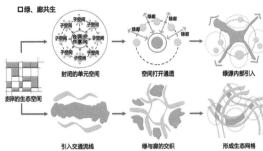

破碎的生态空间 → 封闭的单元空间 → 空间打开通道 → 绿源内部引入

引入交通流线 → 绿与廊的交织 → 形成生态网格

□ 新、旧文化共生

特色人文要素提取

复兴传统人文活动

□ 传统的邻里关系：尊在一起吃饭、聊天、打牌的现象，在这里成为几乎随处可见的场景，也成为老西安人的一种乡愁。

□ 浓厚的生活气息：无论是街头巷尾还是居民小院，院落虽凌乱，街巷显狭窄，却充满生气。

□ 自发的商业氛围：没有大型的商业购物商场，却随处可见沿街的小摊小贩，有卖水果的、卖蔬菜的、卖小吃的。

□ 独特的街道生活：在这里，随处可见人行道上聚集着下棋、聊天、喝茶、买卖的人群，人行道不仅作为通行空间，更作为居民日常交流、购物、休憩空间。

引入新兴休闲娱乐

》生命的平等化

□ 人与自然平等

人与其它生物共同作为大自然赋予的生命，是大自然的一部分。我们要怀着一颗敬畏、尊重之心与自然对话，万物和谐，才能万物共荣，人类才能永远的在地球上生存下去。

□ 人与人平等

城市是一个大环境，我们每个人都有在其中生活的权力。公共空间不是为某一类人设计的，而是为所有人设计的，它不限于经济或社会条件。对城市所有的人来说，空间都是共享的、开放的、生机勃勃的。

□ 人与城市平等

城市是人类建造、为人类服务的空间场所，城市中的每一个要素每天都与我们每个人发生着联系。城市是一个载体，需要我们一起和谐发展，而不是随意破坏。城市为人带来庇护，人为城市带来生机。

》生命的精神化

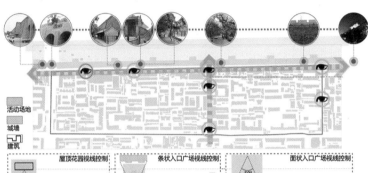

活动场地
城墙
建筑

屋顶花园视线控制 60° 18° 34°

条状入口视景视线控制 40° 21° 30°

面状入口广场视线控制 50° 34° 22°

"望得见远山，看得见近水，更记得住家门前的乡愁。"

家门前的城墙是历史的印迹，是流传的文化，更是人们绵长的乡愁。这座千百年的城墙，历经风吹日晒，依旧巍然屹立在老城外，虽然早已不再是守家卫国的堡垒，但却已成为西安人永远的乡愁，成为人们心中最踏实、最不可磨灭的精神寄托。

为了获得欣赏最佳视角：平面视线控制在60°以内，以54°最佳。垂直视线控制在60°以内，以27°最佳。

潜在城墙视觉景观点

"睹墙思城"
通过视线通廊将城墙多次、多角度的置于人们视野之中，使其成为环境的一部分，强化城墙的视觉特征。墙在城外守着墙，人在城内望着墙。

3米
人眼的最佳视距是3米以下的立面空间。

》道路交通规划构思

□ 基地周边换乘关系分类及趋势判断

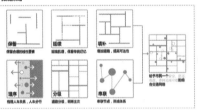

分类
换乘关系大类 → 轨道交通、公交 → 市内出行人群
换乘关系小类 → 社会车出行、步行非机动车 → 基地内出行人群

主要观察群体 / 未来趋势判断

□ 微观策略

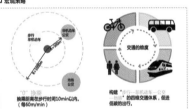

保留｜延续｜填补
保留合理的线性要素｜延续肌理，体现传统记忆｜增加联络，提高可达性

序｜分级｜联络
线性车行关系，人车分行｜道路分级，明晰道路｜给予市民一个整合交通体系

□ 宏观策略

"0"换乘
换乘最短距离步行时间10min以内。（每分60m/min）

构建"步行—非机动车—公交—地铁"的四维交通体系，促进低碳的出行。

经济技术指标：
用地面积：21.11ha
总建筑面积：335458m²
容积率：1.6
建筑密度：31.1%
绿地率：35.7%
拆迁比：0.7
地下停车位数量：2700个

设计说明：

我们向往一个万物共生、和谐共存的城市生活环境。城市的更新改造便是继续续城市的生命力，让人们的生活向往得以实现。细密纵深的步行系统，是我们对居民休闲漫步的满足；四维联动的交通体系，是对低碳出行的落实；连续多样的开放场所，是对不同生命群体的尊重；丰富立体的绿化空间，是对生态城市的永恒追求；原生态生活方式的保留移植，是对传统文化的延续保持。

我们尽可能在原有的空间形态上进行更新改造，延续原有的人文肌理，尊重本土文化。同时，融入让生命更美好的规划理念，体现在设计的每一个细节中。

让城市的生命力永远的蓬勃成长，乐居、便行、近商、众娱、续文，这就是我们的城市向往，这就是我们的生活姿态。

CITY FOR LIFE **生命之城 2**

总平面图

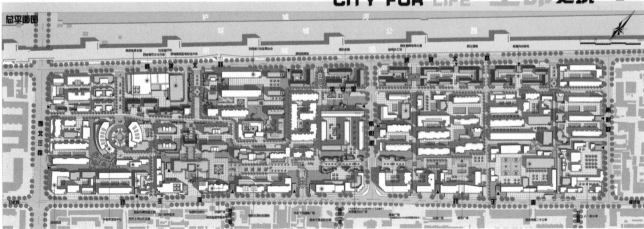

护 城 河 环 城 公 园

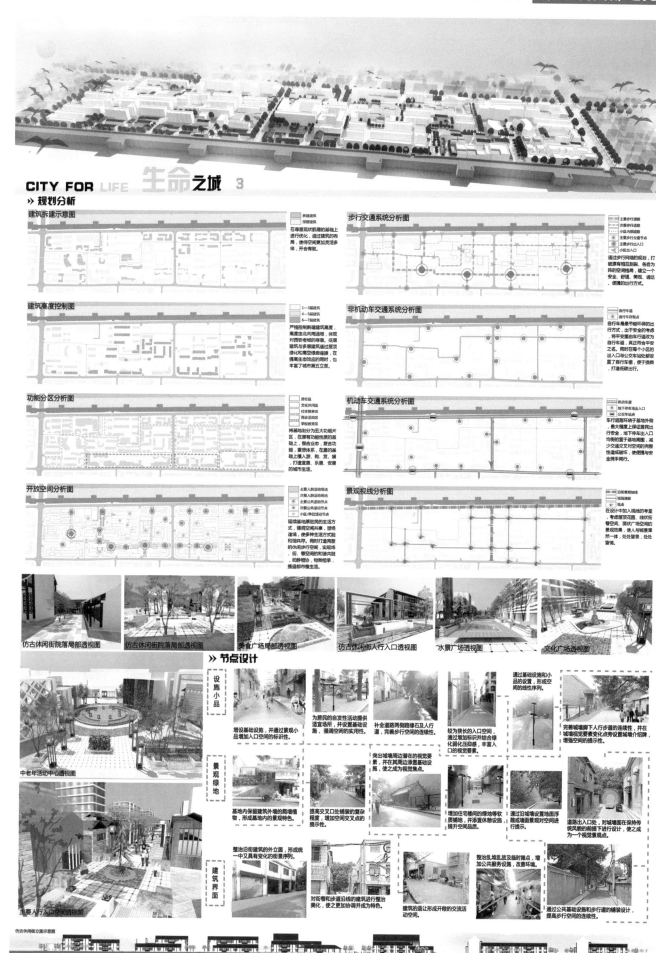

CITY FOR LIFE 生命之城 3

》规划分析

佳作奖

建筑拆建示意图

在尊重现状肌理的基础上进行优化，通过建筑的布局，使得空间更加灵活多样，开合有致。

步行交通系统分析图

通过步行网络的规划，打破原有相互割裂、各自为阵的空间利用，建立一个安全、舒适、美观、通达、便捷的出行方式。

建筑高度控制图

严格控制新建建筑高度，高度由北向南递减，体现对西安老城的尊重。低层建筑以多层建筑通过屋顶绿化和高空连廊连接，在提高生态效应的同时，也丰富城市的第五立面。

非机动车交通系统分析图

自行车是倡导低碳环保的出行方式，出行安全的考虑，将平安置由车行道改为自行车道，真正符合步行安全之名。同时在每个小区的出入口与公交车站结合设置了自行车停，便于换乘，打造低碳出行。

功能分区分析图

将基地划分为五大功能片区，在原有功能性通的基础上，整合业态、整合功能，重塑体系，在原的基础上融入游、购、赏、娱，打造宜居、乐居、安居的城市生活。

机动车交通系统分析图

车行道置环绕于基地内侧，最大程度上保证居民的出行安全，地下停车出入口均制的置于基地周围，减少交通交叉对空间的完整性造成破坏，使便捷与安全携手同行。

开放空间分析图

延续基地原居民的生活方式，强化空间共享，塑造连续，使多种生活方式融和和谐共享，同时打造完整的步行空间，实现场街、巷空间的和谐共融，促进社区市街生活。

景观视线分析图

在设计中以人视线的考量，考虑屋顶花园、线状街等空间，围状广场空间的景观效果，使人与城景浑然一体，处处皆景，处处皆情。

仿古休闲街院落局部透视图　仿古休闲街院落局部透视图　美食广场局部透视图　仿古休闲街人行入口透视图　水景广场透视图　文化广场透视图

》节点设计

中老年活动中心透视图

主要人行入口空间透视图

仿古休闲街立面图示意图

设施小品

增设基础设施，并通过景观小品增加空间的标识性。

为居民的自发性活动提供适宜场所，并设置基础设施，强调空间的实用性。

补全道路两侧路缘石及人行道，完善步行空间的连续性。

较为狭长的入口空间，通过增加标识并结合绿化弱化压缩，丰富入口的视觉要素。

通过基础设施和小品的设置，形成空间的线性序列。

完善城墙脚下人行步道的连续性，并在城墙视觉要素变化点旁设置城墙介绍牌，增强空间的提示性。

景观绿地

基地内保留建筑外墙的爬墙植物，形成基地内的景观特色。

提高交叉口处铺装的复杂程度，增加空间交叉点的提示性。

突出城墙周边潜在的视觉要素，并在其周边增添基础设施，使之成为视觉焦点。

增加住宅楼间的绿色等优质铺装，并增置人体装置设施提升空间品质。

通过沿墙设置地面浮雕或墙面景观对空间进行提示。

道路出入口处，对城墙设施在保持传统风貌的前提下进行改造，使之成为一个视觉景观点。

建筑界面

整治沿街建筑的外立面，形成统一中又具有变化的街景序列。

对街巷和步道沿线的建筑进行整治美化，使之更加协调并成为特色。

整治乱堆乱放及临时搭建，增加公共服务设施，改善环境。

建筑的退让形成开放的交流活动空间。

通过公共基础设施和步行道的铺装设计，提升步行空间的连续性。

何解？合解！
——西安顺城巷更新改造

指导教师

吴勇

古城西安是国家级历史文化名城，顺城巷为古城核心区。项目面临的问题是如何将过去的记忆和印记融入现有格局和新规划的道路、建筑和场所空间中。因此，本次规划的目标不仅包括区域的重新开发及修复，更重要的是尊重和认可场地内悠久的历史和文化传统，提升顺城巷的文化、商贸、旅游功能，使该区域成为适于低碳出行并拥有丰富公共休闲空间的系统。设计从时间上要守护历史、把握现在、展望未来；从空间格局上要传承历史上西安古城的方城直街的城市空间肌理；从技术上要探索低碳生态的旧城更新改造方式。因此规划着重强调历史文脉的延续、慢行系统及休闲空间的营造与经济功能的提升三方面。1. 注重历史文脉的延续。分析了地脉、文脉和人脉，延续西安特有的城市肌理、街巷空间和建筑特色，以"方城直街、长街短巷"来承载着居民的交往、商业、通行、生活等多元化的功能；把休闲步道与城墙连接起来，在基地中部设计了一条文化轴，把基地与古城墙紧密联系；建筑风格延续现有的明清古风。2. 规划完整及多元慢行系统结构。规划分析本地区不同人群交通通勤的类型与路径；分析街巷空间的宜人空间尺度，并叠合规划区内部的通勤、漫步、游览等多样化交通路径，嵌套外部公共交通线网布局，形成系统性的交通网络；在路径的交汇处穿插了具有历史印记的场所节点。3. 完善地区的商业金融和文化娱乐功能，提升地区经济活力，同时在场地内增加新的交往空间，体现了尊重居民对传统生活方式回归的态度。在居民区附近设置购物广场及公共绿地，供本地居民使用；住宅楼前平台设置座椅、小品，以增进人们的交往、停留空间。

参赛学生

张强　　　　　　　　陈小娅　　　　　　　　李春雪　　　　　　　　翁庆娜

我们对于本次题目"守望城墙"的理解为："守"是守住历史，"望"是展望未来，即在于解决历史文化与现代建筑的融合。我们取名合解即意味着合理解决基地现状存在的种种问题，展望美好的未来。方案设计本着以下设计原则：1. 充分利用基地的历史文化优势，使街巷空间恢复成一个富有西安古城特色的具有强大吸引力的慢行系统。2. 注重历史文脉的延续，对地块内的街巷空间进行改造，充分体现西安古城"长街短巷"、"前店后院"的特征，充分发挥其历史文化价值。3. 对文化步道的添加，在功能和形态上进行合理渗透，使之融入历史文脉肌理中。

在方案中，设计文化轴、商业轴两条脉络贯穿整个场地，形成系统的慢性网络。文化轴联系基地北段部分的城墙马道和基地戏台，取得直接的视觉联系，吸引人气。整条轴线仿造明清宫廷布局，前宫后寝，左祖右社的布局，反应明清文化，基地标志性建筑眺望塔，呼应城墙，增强视觉联系，轴线一直延续到基地的革命公园。商业轴线起于入口广场，终于历史遗迹八贤庄，南北巷道从商业轴发散出去，联系顺城巷和居民区，最终形成舒适而完善的慢行空间系统。

何解？合解！

从是什么，为什么，怎么样三个方面解决中国城市面临的一个共性问题
—— "特色危机"。

西安顺城巷更新改造　前期分析　1

区域背景分析

城市既是世界各地历史文化的象征，又是文化过程的产物，带有明显的地域文化特征。历史上形成的城市，作为仅次于语言的人类第二大创造，成为其绚烂文化的最好见证和世世代代人民的集体记忆。

然而不知从何时起，传统居民、历史街区甚至连文物古迹，都似乎成为我们经济发展、开发建设的绊脚石。新区开发和旧城更新时，数百年来形成的富有人情味和鲜明特色的古老城区，经过一场"脱胎换骨"的打造，消失殆尽；迅猛且快速推进的城市化，以"旧貌换新颜"换来"千城一面"的无个性的都市空间。今天的中国城市正面临着空间的整体危机、环境危机、特色危机、文化危机……

>>1 区位分析

西安在陕西的位置　　古城在西安的位置　　基地在古城的位置

西安市位于黄河流域中部关中平原，是新欧亚大陆桥中国段陇海兰新线上最大的中心城市和我国东部、中部地区通往西北地区的枢纽和门户，是我国西北地区规模最大、综合实力最强的城市，具有承东启西、连接南北的战略地位。

研究范围：古城北城玉祥门至中山门，途经尚武门、安远门、尚俭门、尚勤门、尚德门，占地约250.128公顷，总长约6520米。

规划范围：古城北城复兴路城墙，尚德门西侧，占地约14公顷，长约564米，宽为250米。

>>2 历史沿革

1 隋唐时期
棋盘状街道网，所有建筑物以承天门街为中心轴对称布局。

2 北宋金元时期
自由和开放的街巷空间，以密集的院落式住宅为基础的新型街巷制。

3 明清时期
明朝道路横平竖直，端南北正的四门为主要交通大道，而后逐渐形成众多大街小巷。
清代仅保存北、南、西三条大街，城市内部交通遭到破坏。

4 民国以后时期
旧城结构由"内向型"向"外向型"转变。城市交通逐渐形成正向网络结构。

唐皇城街巷示意图　　北宋京兆府城巷示意图　　明期街巷示意图

清代街巷示意图　　民国时期街巷示意图　　当代城墙与主街道示意图

现状及场地特征分析

>>1 周边公服设施分布

规划基地位于西安古城北端，紧靠城墙，东接尚德路。周边公共服务设施较完善，基地西侧的新知小学和南侧的后宰门小学均处在500m服务半径内，北侧紧靠西安古城墙历史景观浓厚，东侧临近西安汽车站以及西安火车站交通便利，文化气息浓厚的七贤府、七贤庄分别位于基地东侧和南侧。总体来说，基地具有得天独厚的区位优势和浓厚的历史文化氛围。

七贤府　西安城墙　西安火车站
新知小学　　西安汽车站
陕西省艺术馆　七贤庄
西安市中心医院　后宰门小学　革命公园

>>2 图底关系分析

>>3 道路分析

主要道路
次要道路
公交停车站
社会停车场 P

>>4 院落街巷分析

院落
街巷空间

>>5 建筑功能分析

居住
现已拆除
商业
公服设施
机关单位
工厂

>>6 建筑质量分析

差一可拆
一般改造
好一保留

>>7 建筑高度分析

建筑层数9m
建筑层数12m

>>8 建筑整治分析

1-3米
4-6米
7-9米
10-12米
13-15米
16-18米
19-21米

保留
整治
改造
拆除

>>3 城市中的定位

古城与周边城市中心的关系　古城城市路线图　古城文化结构图　古城游览线路图

顺城巷改造老城区为中心发展区、顺城旅游服务区、城市功能发展区和A城区四个部分。顺城巷道路为纽带，把沿线的文物景点和历史街区，纵横打通，自上顺起来；"五区"则是对改造后顺城巷的功能分区，打造旅游、文化、购物、休闲、餐饮、娱乐等功能齐全的黄金旅游地带。

>>4 古城历史资源分布

广仁寺　　七贤庄　　基地
杨虎城将军纪念馆　　革命公园
西五台云居寺　　莲湖公园
清真寺　　钟楼　西安
北院门　　城隍庙　清真大寺　　承兴坊
钟鼓楼　　兴庆宫
书院门　　碑林
关中书院
湘子庙

>>5 民俗文化

食　羊肉泡馍　肉夹馍　biangbiang面
西安美食种类丰富，色香味俱全，可以在设计中开设美食街等老字号形式来突出。

娱　皮影戏　社火　秦腔
西安公共娱乐活动形式多元化，可在设计中多创造公共娱乐平台。

工艺　面花　秦腔脸谱　木板年画
各类传统工艺精美细致，富有历史价值，可在设计中以民俗风情来体现。

典故　指鹿为马　秦陵风水传说　龙凤传说
各类典故丰富了西安的文化内涵，还增添了神秘色彩，在设计中多以文化来展现。

>>9 基地现存问题

SWOT分析

>>1 优势

1、区位优势：北接顺城巷北路东段，南接西七路，西接北新街，东接尚德路，临近大型城市交通枢纽地段，人流量大，商业开发潜力大。

2、历史资源优势：临近西安古城墙、七贤庄等历史文化遗迹，为地段增添了文化底蕴。

3、开发潜力优势：顺城巷开发强度低，可发展空间大。

>>2 劣势

1、传统特色逐渐衰退：原有的传统文化，没有很好的继承发展，传统特色文化得不到重视。

2、空间杂乱：缺少统一规划，居民乱搭乱建，出现很多棚户区，空间拥挤，公共活动空间缺少，吸引不了人气。

3、建筑质量差：基地内大多建筑为六七十年代修建，年代久远，搭建现象严重，存在安全隐患。

4、公共空间缺乏：基地内没有大型的公共空间，难以激发社区活力。

5、人车混行：基地内所有道路均为人车混行，安全性差。

>>3 机遇

1）顺城巷的拓宽以及整体形象的改造，为其发展带来了机遇。

2）顺城巷将改造成步行街，禁止车辆通行这将为此地段提供更多的人性化空间。

3）七贤府等历史文物景点将成为这里的吸引点，是此地段居民提升生活质量的前提条件。

4）人们意识的提高，对基地内部重要的公共空间保护非物质文化的重要性，对传统文化的保护意识增强。

>>4 挑战

1）如何发掘利用自身的文化价值振兴顺城巷是本次设计的关键。

2）如何梳理城市空间形态与机理的特征，建立生动的公共开放空间。

3）如何对来自大专院校的不同人群进行引导。

4）如何解决现行交通组织与城市公共交通系统的衔接。

5）如何合理把握建筑与城市景观环境协调的关系。

6）如何把握新建建筑与保留建筑之间协调的关系。

何解？
合解！

从是什么，为什么，怎么样三个方面解决中国城市面临的一个共性问题
—— "特色危机"。

西安顺城巷更新改造 | 方案生成 | 2

总平面图

N

① 早喷广场
② 文化广场
③ 雕塑广场
④ 表演广场
⑤ 活动绿地
⑥ 活动公园
⑦ 活动台
⑧ 戏台
⑨ 民俗文化
⑩ 艺术作坊
⑪ 酒楼
⑫ 服务中心
⑬ 酒吧
⑭ 宾馆
⑮ 酒吧
⑯ 特色购物店
⑰ 艺术商品店
⑱ 超市
⑲ 手工艺作坊
⑳ 餐饮休闲
㉑ 咖啡厅
㉒ 书吧
㉓ 便民店
㉔ 特色餐饮
㉕ 特色娱乐所
㉖ 茶楼
㉗ 商业中心
㉘ 百货店
㉙ 居住区
㉚ 儿童活动中心
㉛ 电影院
㉜ 特色旅馆
㉝ 休息亭
㉞ 景观亭
㉟ 医疗服务中心
㊱ 文化产业
㊲ 城墙
㊳ 环城公园

设计说明

文化轴，商业轴两条脉络贯穿整个场地，形成系统的慢性网络。

文化轴联系基地北段部分的城墙马道和基地双台，取得直接的视觉联系，吸引人气。整条轴线仿造明清宣廷布局，前宫后寝，在组右舍的布局，反应明清宣文化，基地标志性建筑眺望塔，呼应城墙，增福视觉联系，轴线一直延续到基地的革命公园。

商业轴线起于入口广场，终于历史遗迹八贤庄。南北轴道从商业线发散出去，联系城巷和居子。

方案策略

>>1 地脉传承与革新

保留基地原有的良好风貌，改造尚待改进的地区，保存市民的历史记忆，使基地真正成为历史街区。

>>2 文脉传承

解决基地特色逐渐丧失的问题，挖掘并发扬其历史特征传承基地的良好的文脉，让其真正展现在设计中。

>>3 人脉传承

通过策划民族节庆活动，调动市民的参与性与积极性，增加文化的范围，展示顺城的活力与魅力。

>>4 传承与革新的结合

1) culture（文化）＋＝
2) function（功能）＋＝
3) space（空间）＋＝

找出来：把基地上的可用和不可用的物质、文化资源找出来。
保下来：对美好的物质和非物质资源进行保护修缮，恢复历史风貌和特色街区。
亮出来：结合旧城改造把这些资源作为空间节点展示出来。
用起来：多创造公共活动平台，服务市民。
串起来：历史是活着存在的，在旧城改造的同时不同的主题，采用不同的方式，串联历史文化资源，放大历史文化的社会影响力。

方案分析

>>1 空间结构分析

>>2 功能分区分析

居住用地
商业金融用地
文化娱乐用地
居民公共用地
公共用地
公园用地

>>3 图底关系分析

>>4 道路交通分析

车行道
主要步行道
次要步行道
室外停车场
地下车库入口
公安停车站

>>5 景观分析

入口节点
主要节点
次要节点
公共空间
文化景观
景观轴

>>6 开敞空间分析

内部开敞空间
绿化开敞空间
广场用地
双景观

>>7 建筑高度分析

1-3米
4-6米
7-9米
10-12米
13-15米
16-18米
22-24米

方案采用"两轴，三带，多点，多面"的结构形式。南北方向的文化轴正接北城的马道，与南端的革命公园相呼应，文化娱乐场所沿着文化轴对称布局，东西方向的商业轴连接基地东北方向的大型交通枢纽，与西南方向的七贤庄。"三带"指沿两条轴布局的商业风情带、文化娱乐带以及宜居生活带。"多点"指沿着轴线布局的重要景观节点。"多面"指层次分明的开敞空间，步行系统以轴线为骨架，寻求更多的可达性路径，形成丰富的空间网络。所有的建筑均采用围合的布局形式，创造丰富的街巷空间，以及步移景异的景观效果。

方案生成

发现问题 Problem Finding	找到原因 Reasons Finding	解决方案 The Solution
What	Why	How

人群分析

>>1 居民

人口截至2012年底，西安市户籍总人口795.98万人，常住人口855.29万人。全市常住人口中，男性占51.26%；女性占48.74%。总人口性别比（以女性为100，男性对女性的比例）105.18。新城区 589739 人

西安市第六次人口普查表

	0-14岁	15-64岁	65岁以上
人数	8467857	1091263	8660212	718302
比例（%）	100	12.89	78.65	8.46

>>2 游客分析

根据西安统计年鉴，2012年，西安市接待海外游客115.35万人次，比上年增长15.08%，接待国内游客7863万人次，增长20%。

西安游客需求图

历史文化遗迹 75%
观赏风景 23%
民俗风情 10%
其他 5%

>>3 人群活动分析

根据西安的人口构成，我们分别提取居民与游客的主要活动，融合历史文化，作为本方案场所设计的指导思想。

人群组成

居民
游客

活动类型
对应空间

设计要点：通勤 ＋ 慢行系统 ＋ 历史文化 ＋ 休闲娱乐

沿城墙立面

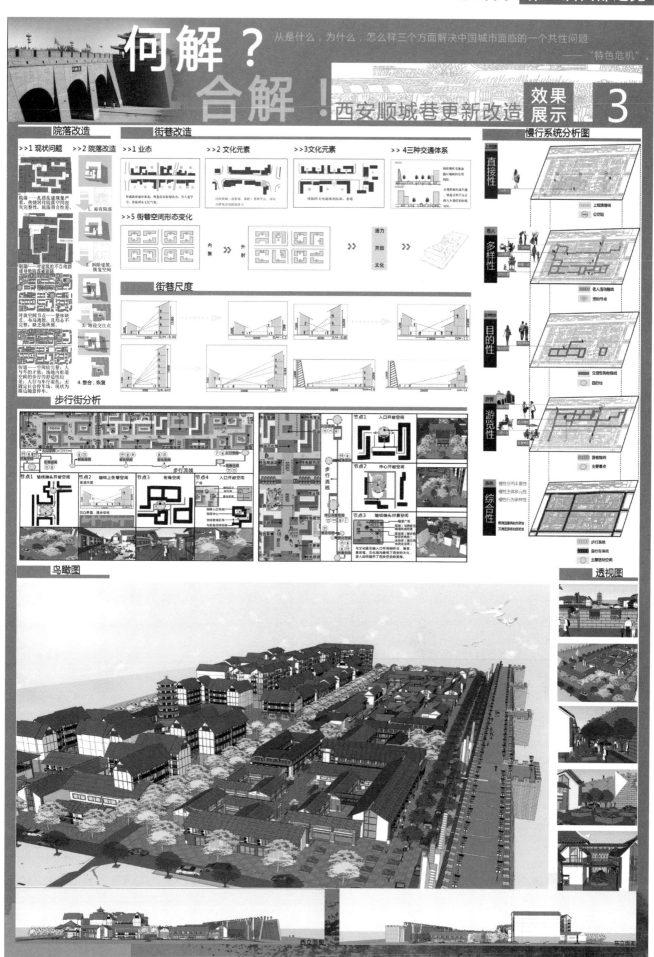

明城脚下，低碳生活
——基于文化资产的西安顺城巷更新设计

指导教师

黄瓴

顺城巷作为西安古城墙脚下特殊的城市空间，既承载着厚重的历史过程也面临发展的制约。针对顺城巷整体活力不足以及与城中联系薄弱的问题，方案提出"明城脚下，低碳生活"理念，制定文化资本梳理与串联策略，利用已有的线型空间发现、链接和激活众多文化点，编织顺城巷文化网络，同时打通城墙内外联系，从而实现城墙脚下社区低碳生活与城市旅游、经济发展的一体化目标。方案的最大特色在于仔细盘点既有的文化资产和价值，尊重历史、尊重生活，尽量用规划的最小干预手段实现片区复兴。参加此次竞赛，同学们收获良多，虽然牺牲了暑假休息时间，但所经历的文化之旅将成为人生路程中的一块基石。

参赛学生

杨滨源　　　　　赵春雨

古韵深厚的西安最不缺的应该就是文化资源了，而其中最为辉煌夺目的便是那些保留完好的明代城垣，可谓气派恢宏，顺城巷更是西安人文化生活的独特载体。然而不知不觉顺城巷却成为城市消落的边界，生活商业气氛远不如钟鼓楼地带，居住于此的大多是老人，古城墙似乎成为束缚城市发展的桎梏。

不避顺城巷发展之窘境，以古为今用这样乐观的态度去发掘顺城巷的资产。通过盘点全城的资产尤其是文化资产，挖掘顺城巷自身的文化资产，如秦腔、剪纸等非物质文化遗产，重新布局顺城巷的文化设施，开设秦腔戏剧学校，使文化真正能够传承，从分布上达到科学合理。文化资产的传承与发展离不开空间体系支撑，通过打通顺城巷与整个明城的空间脉络，塑造特色文化步道，并激活带动沿途的文化资源点，从而让顺城巷重新融入明城生活。

大三暑期参与的这次竞赛，对旧城更新理解尚浅，在黄老师的指导下逐步体会到点穴通脉式的更新方法之精妙。面对顺城巷的诸多问题，希望从社会生活、旅游展示、文化传承三个视角去切入并一一解决。前期工作相当繁复且理不清头绪，如今看来大可不必，紧抓文化资产，做好顺城巷自身的文化资产挖掘与全城的文化资产联动就已不易。当然，这样充实的学习经历自是一种收获。

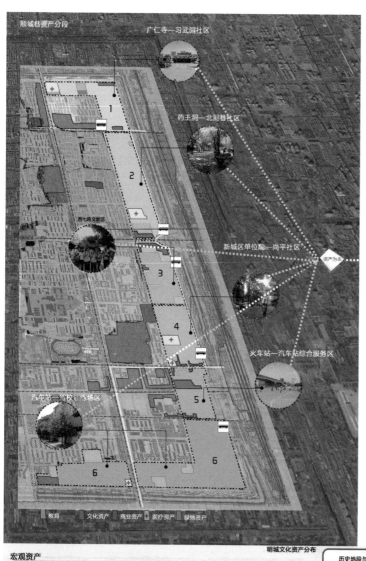

顺城巷资产分段

广仁寺—习武园社区

药王洞—北洞巷社区

历七路文教区

新城区单位院—尚平社区

火车站—汽车站综合服务区

汽车站—驾校训练场区

| 教育 | 文化资产 | 商业资产 | 医疗资产 | 绿地资产 |

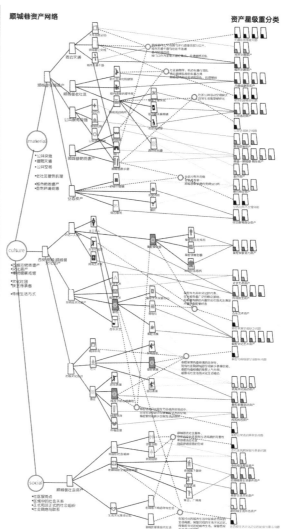

顺城巷资产网络

资产星级重分类

material
· 公共服务
· 避难场地
· 公共空间
· 社区公共资产
· 城市地域遗产
· 自然环境遗产

culture
· 口碑历史遗迹
· 社群
· 特色街道空间
· 文化社群
· 非文化遗产
· 传统生活方式

social
· 社区服务点
· 区域功能混合度
· 日代尺度正式的社会组织
· 社群商铺与商业

明城文化资产分布

宏观资产

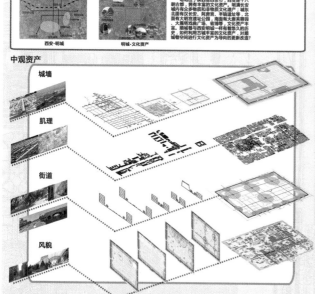

西安-明城

明城-文化资产

中观资产

城墙

肌理

街道

风貌

历史地段与城墙骨架

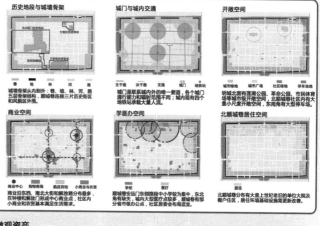

城市骨架从内到外：巷、城、林、河、路五层骨架结构，顺城巷连接三片历史街区和风貌界面外侧。

城门与城内交通

城门是联系城内外的唯一要道，各个城门通行能力不均衡分布不均，城内现有四个地铁站承载大量人流。

开敞空间

明城北面有莲湖公园、革命公园、市民体育场等城市级开敞空间，北顺城巷社区内有大办小有大型开敞空间，东南角有大型停车场。

商业空间

| 商业中心 | 阶梯商场 | 酒店宾馆 | 小商业业态 |

商业旧东西、南北大街和解放门等分布最多，在钟楼和解放门形成中心商业点，社区内小商业和农贸基本满足生活所需。

学医办空间

| 学校 |

顺城巷安远门东侧路段中小学校为集中，东北角有缺失，城内大型医疗点较多，顺城巷有部分省市级办公点，社区居委会布局适宜。

北顺城巷居住空间

| 住住 |

北顺城巷分布有大量上世纪老旧的单位大院及棚户住区，居住环境基础设施需南部改善。

微观资产

明城肌理　　街巷尺度

| 街肌理 | 巷肌理 | 院肌理 | 北大街 | 莲湖路 | 青年路 | 明新巷 | 顺城巷 |

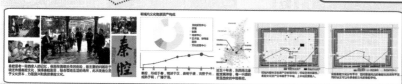

秦腔

设计说明：

顺城巷是明城墙重要的物质资源之一，也是西安人生活文化传承的独特媒体。在顺城巷整体尤其是北顺城巷较为缺乏活力且城墙中联系不足的情况下，我们希望打造北顺城巷特色街巷体系。顺新巷、结合城墙的资源尤其是北顺城巷与城市文化社群等的目标，旅游路线、文化资产三个方面的结合实现城墙内侧的街巷系统的搭建、并串联东西社群与城墙的外侧联系，激活和带动更多的旅游点，步道体系之延伸，从而实现活力明城、低碳生活的目标。

明城脚下——基于文化资产的西安顺城巷更新设计1

低碳生活

Cultural Assets-based Regeneration Design of Inner circumferential district of Xi'an city wall

佳作奖

明城脚下——基于文化资产的西安顺城巷更新设计2
派碳生活
Cultural Assets-based Regeneration Design of
Inner circumferential district of Xi'an city wall

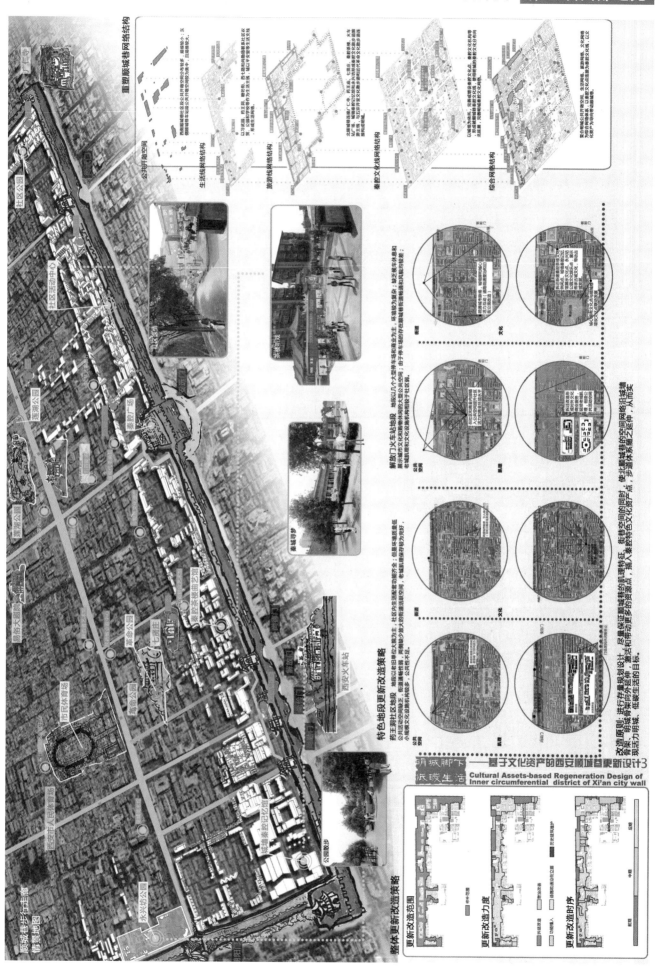

佳作奖

明城脚下，低碳生活

基于文化资产的西安顺城巷更新设计3
Cultural Assets-based Regeneration Design of
Inner circumferential district of Xi'an city wall

竞赛花絮

2014.06.08
报道注册

2014.06.09
启动仪式
竞赛培训

2014.06.10
基地调研

2014.06.11
汇报讨论

2014.08.15
成果提交

2014.09
公布结果

竞赛花絮

结 语

任云英
西安建筑科技大学建筑学院规划
系主任、教授、博导
2016 年 7 月于西安

　　"西部之光"大学生暑期规划设计竞赛，由中国城市规划学会、高等学校城乡规划学科专业指导委员会主办，活动旨在促进城乡规划发展理念的传播，促进西部大学城乡规划专业教育与时俱进、与国家需求的前沿领域密切结合，进而促进西部大学城乡规划专业教学水平。2014 年第二届"西部之光"由西安建筑科技大学承办。竞赛选址在古城西安顺城巷，位于西安明城墙下，竞赛主题为："守望城墙·西安顺城巷更新改造"。如何认识古城西安独特的文化遗产，在喧嚣的现代都市中寻找失落的城市文化记忆和城市精神，营造有吸引力、有特色、有魅力的市民公共休闲空间场所，需要基于城市发展和市民生活的诉求，以包容、正义、智慧的理念、路径和方法，去寻找城市的内在肌理和生长动力，需要审视城市的存量空间，预判其空间品质的需求潜力，塑造文化空间和场所精神。15 个西部院校的 25 个获奖作品中，既有基于大数据时代自适应系统的探讨、多视角下基因修复的空间营造方法，也有基于城市记忆、古城保护和社区有机更新的规划探索，设计立意鲜明，空间构思巧妙，分析鞭辟入里，充分体现了城乡规划专业教育对国家战略诉求和发展趋势的跟踪响应，充分体现了各个院校师生的热情和辛勤付出。"西部之光"已经成为托举西部高等学校城乡规划专业教育发展的重要平台，2014 年第 2 届"西部之光"暑期设计竞赛作品集的出版，将会进一步传播"西部之光"的精神和价值，也必将会在西部乃至全国传播并产生重要的影响。

　　在此，感谢所有为"西部之光"提供支持的政府部门、学会组织、设计单位、新闻媒体和出版单位：

中国科协能力提升专项

中国低碳生态城市大学联盟

中国城市规划学会城市影像学术委员会

陕西省住房和城乡建设厅

西安市规划局

西安市城市规划设计研究院

陕西省土木建筑学会城市规划专业委员会

陕西省西安城墙保护基金

西安城墙历史文化研究会

《城市规划》杂志社

《建筑与文化杂志社》

中国城市规划网

中国建筑工业出版社